基础前沿科学史丛书

给青少年讲生命科学

刘锐 著

清華大學出版社
北京

图书在版编目（CIP）数据

给青少年讲生命科学 / 刘锐著.— 北京：清华大学出版社，2022.10
（基础前沿科学史丛书）
ISBN 978-7-302-61943-7

Ⅰ.①给… Ⅱ.①刘… Ⅲ.①生命科学—青少年读物 Ⅳ.①Q1-0

中国版本图书馆CIP数据核字（2022）第180870号

责任编辑：胡洪涛
封面设计：意匠文化 · 丁奔亮
责任校对：王淑云
责任印制：宋　林

出版发行：清华大学出版社
网　　址：http://www.tup.com.cn, http://www.wqbook.com
地　　址：北京清华大学学研大厦A座　　邮　　编：100084
社 总 机：010-83470000　　邮　　购：010-62786544
投稿与读者服务：010-62776969, c-service@tup.tsinghua.edu.cn
质量反馈：010-62772015, zhiliang@tup.tsinghua.edu.cn
印 装 者：三河市龙大印装有限公司
经　　销：全国新华书店
开　　本：165mm × 235mm　　印　　张：10.5　　字　　数：115千字
版　　次：2022年11月第1版　　印　　次：2022年11月第1次印刷
定　　价：55.00元

产品编号：097596-01

丛书序

给面向青少年的科普出版点一把新火

2022年是《中华人民共和国科普法》通过的第20年，在这样一个对科普工作意义不凡的年份，由北京市科学技术委员会（以下简称市科委）发起，清华大学出版社组织的“基础前沿科学史丛书”正式出版了。这套书给面向青少年的科普出版点了一把新火。

2022年9月4日，中共中央办公厅、国务院办公厅印发《关于新时代进一步加强科学技术普及工作的意见》，进一步强调“科学技术普及是国家和社会普及科学技术知识、弘扬科学精神、传播科学思想、倡导科学方法的活动，是实现创新发展的重要基础性工作”。科学技术普及是科技知识、科学精神、科学思想、科学方法的薪火相传——是“薪火”，也是“新火”。

市科委搭台，出版社唱戏，这套书给面向青少年的科普图书出版模式点了一把新火。市科委于2021年11月发布了“创作出版‘基础前沿科学史’系列精品科普图书”的招标公告，明确要求中标方在一年的时间内，以物质科学、生命科学、宇宙科学、脑科学、量子科学为主题，组织“基础前沿科学史”系列精品科普图书（共5册）出版工作；同步设计制作科普电子书；通过网络媒体对图书进行宣传推广等服务内容。这些服务内容以融合出版为基础，以社会效益为初心。服务内容的短短几句话，每一句背后都是特别繁复的工作内容。想在一年的时间内，尤其是在2022年新冠肺炎疫情期间，完成这些工作的难度可想而知，然而秉承“自强不息，厚德载物”的清华大学出版社的出版团队做到了。

中国科学家，讲好中国故事，这套书给面向青少年的科普图书选题内容点了一把新火。中国特色社会主义进入新时代，新一轮科技革命和产业变革正在深入发展，基础前沿科学改变着人们的生产生活方式及思维模式。《中华人民共和国国民经济和社会发展第十四个五年规划和2035年远景目标纲要》提出：在事关国家安全和发展全局的基础核心领域，制定实施战略性科学计划和科学工程。物质科学、生命科学、宇宙科学、脑科学、量子科学等领域，迫切需要更多人才参与研究，而前沿科学人才的建设培养，要从青少年抓起。这5本书的作者都是中国本土从事相关专业领域工作的科学家，这5本书都是他们依托自己工作进行的原创性工作。虽然内容必然涉及科学史的内容，但中国科学家尤其是近些年的贡献也得到了充分展示。

初心教育，润物无声，这套书给面向青少年的科普图书科普创作点了一把新火。习近平总书记提出：科技创新、科学普及是实现创新发展的两翼，要把科学普及放在与科技创新同等重要的位置。因此，针对前沿科技领域知识的科普成为重点。如何创作广受青少年欢迎的优秀科普图书，充分发挥科普图书的媒介作用，帮助青少年树立投身前沿科学领域的梦想，是当前科普出版工作的重点之一，这对具体的科普创作方法提出了要求。这套书，看得出来在创作之初即统一了整体创作思路，在作者进行具体创作时又保持了自己的语言习惯和科普风格。这套书充分体现了，面向青少年的科普图书创作，应该循序渐进，张弛有度，绘声绘色，娓娓道来，以科学家的故事吸引他们，温故科学家的研究之路，知新科学家的科研理念，以科学精神润物细无声。

靡不有初，鲜克有终。2022年10月16日，习近平总书记在中国共产党第二十次全国代表大会报告中强调“教育、科技、人才是全面建设社会主义现代化国家的基础性、战略性支撑”。且将新火试新茶，诗酒趁年华。希望清华大学出版社的这套“基础前沿科学史丛书”为广大青少年推开科学技术事业的一扇门，帮助他们系好投身科学技术事业的第一粒扣子，在全面建设社会主义现代化强国的新征程上行稳致远。

中国工程院院士

清华大学教授

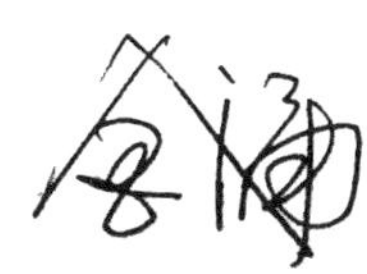

前　言

科学探索是一个不断追求真理的过程，且追求科学真理需要具有质疑和批判的精神，当然这必须建立在严谨认真、实事求是的基础之上。同时，知识无尽，学海无涯，科学研究是最为典型的、高级的、创造性的人类活动，需要一代又一代的有志青年前赴后继地投身其中。

质疑和批判是为了去伪存真，是为了让科学沿着一个正确的方向不断前行。正如“进化论之父”达尔文所说:“无知有时比知识更容易带来自信，正是那些所知甚少的人，而不是那些学识渊博的人，会如此肯定地断言这个或那个问题永远无法被科学解决。”因此，我希望能尽一点微薄之力，将自己知道的一些生物学知识介绍给广大青少年读者，让大家了解生命科学史上的重大发现及其背后不一样的故事。

根据史料记载，人类对生物的研究已有2000多年的历史。然而，直到19世纪初，“biology”（生物学）一词的诞生，生物学才拥有了自己的“铭牌”。无论是在古代的欧洲国家，还是在古代的中国；无论是医学、解剖学，还是农学、植物学、动物学，都属于生物学的研究范畴。当前，生物学的发展可以说是一日千里，重大研究成果不断涌现，深刻地影响着人类的社会发展和文明进步。尽管如此，依然存在着大量的未知之谜，有待我们去深入探索。

科学著作及其阐释的内容在本质上都是为了呈现科学真相和传承科学文明。本书面向广大青少年读者，深入浅出地介绍了包括生命起源的假说、DNA双螺旋构建的过程、埃博拉病毒的暴发、基因编辑技术的发展等生物学史上的重大事件或前沿成果。我希望本书能够为广大青少年读者带来一些启发，以便大家能够体察悟理、见微知著，从小在心中埋下一颗科学、理性的种子，让热爱科学、探索未知的精神在心中萌芽、开花。

也许，我们并不一定都能成为明日的科学巨匠，但是至少可以让求真务实的科学思想和开拓创新的科学精神照亮我们未来的人生旅途！

目 录

1 在毒与火的深渊——生命的起源

在进行后续的讲述前，首先要了解生命科学中最为重要的一个话题，那就是我们生命的起源。这是人类自出现以来一直在思考却又没有得到完美解释的问题，也是探讨生命科学的基础。

面对地球长达 40 多亿年的漫长演化历史，生命的诞生及生命诞生之初的环境对我们来说都是遥远、

地球的诞生

神秘而又无法直观感受到的。要还原生命起源的真相，不仅需要多学科的合作，更需要大胆地假设和小心地求证。

可以说，我们始终没有停下探索的脚步，那么生命究竟缘起于何？迄今为止，众说纷纭，出现了很多种不同的理论，但是始终没有一个完全令人信服的答案，现在就让我们共同来了解一下究竟有哪些关于生命起源的假说。

1.1 笼罩世界的神创论

放射性元素的半衰期表明地球的年龄约为 46 亿年。在这么漫长的历史中，生物究竟是如何诞生的？又是从何时开始诞生的？这是让人着迷却又难以得到完美解释的话题。在科技不发达的古代，人们都渴望了解，大自然中千奇百怪的生物都来自哪里？是神创造的？是自然产生的？还是由其他物种演变而来的？这些问题曾深深地困扰着人们。

女娲造人

在近代科学诞生之前，神创论占据着重要的地位。当时人类没有办法用科学理论来解释大自然中的种种神秘现象，于是就只能借助于神的力量。当时人们普遍认为，世界上的所有生命都是由神创造的！

《圣经》中曾经描述了这样的场面：上帝在6天的时间里，先后创造了日月星辰、山脉河流、树木花草、飞禽走兽。然后上帝依照自己的模样创造了亚当，又用亚当身上的一根肋骨创造了夏娃，夏娃和亚当共同在伊甸园中生活。

我们也经常把神创论称为特创论。神创论的一个重要特点就是，所有已经创造好的物种是不会再发生变化的，即使有所变化，那也是在很小的范围内发生一些改变，而不会变成另外的物种。

在科技并不发达的年代，对于眼前的世界，人类缺少最基本的认知，大家对于自然现象的伟大和神奇，充满了羡慕和崇敬，为了能够合理解释这些自然现象，人们只能大胆地幻想。而这种上帝已经安排好了

法国巴黎圣母院染色玻璃上的亚当、夏娃

所有的剧本、地球上的所有生命体只要按照剧本的要求去演绎就行了的假说，成为当时人们的不二选择。

1.2 自然发生的小白鼠

在科技不发达的古代，关于生命起源，除了神创论之外，还萌生了很多在现在看来十分可笑的说法，然而，这些错误观点却深深地影响了学术界很多年，甚至这些观点的支持者中不乏亚里士多德（Aristotle）和牛顿（Newton）这样的科学巨匠。

当时有一种自然发生论，它最核心的观点是：生命，尤其简单的生命，是由无生命的物质自然发生的。最早支持自然发生论的人是亚里士多德。作为当时科学界的权威人物，他的态度决定了很多人对这些问题的看法，毕竟绝大多数人都会选择相信科学巨匠的判断。事实却多次证

亚里士多德

明，学术大师们在某些问题上的看法未必就是正确的，大家应该独立地思考，而不是一味地盲从权威。

虽然学术大师的光环在某些时候可以促进学术传播，但是在另一些时候也会阻碍发现真理的进程。在生命起源问题上，亚里士多德就成为了阻碍科学发展的人。

亚里士多德认为物质是自然发生的，甚至还给各种物质的来源编制了一个目录。他认为，每一种物质的繁殖都需要“热量”，这种热量是最关键的。高等动物是通过“动物热”产生的，低等动物是在雨水、空气和太阳热的共同作用下从黏液和泥土中产生的。例如，晨露同黏液或者粪土在一起反应就会产生萤火虫、蠕虫、黄蜂……而黏液会自然产生蟹类、鱼类、蛙类，老鼠则是从潮湿的土壤中产生的。在现在看来，这些观点违反了基本的科学常识，十分可笑。但是在当时，这些观点却被认为是普适的真理。牛顿也曾为自然发生论摇旗呐喊，他认为植物是由逐渐变弱的彗星的尾巴形成的，这种说法让人大跌眼镜，甚至觉得难以想象，发现了力学三大定律的牛顿，怎么会有这样的认知？因为他们在学术上有着巨大成就和影响，所以有了他们的支持，自然发生论就有了更加广阔的市场。

当时，还有很多著名的科学家都支持自然发生论。因为在肮脏的环境中容易发现老鼠和苍蝇，所以很多人想当然地认为，老鼠和苍蝇是在肮脏的环境中自然产生的。著名的科学家海尔蒙特（Helmont）就曾经提出：把糠和破布塞进一个瓶子里，将瓶子放在阴暗的床底下就会生出来小老鼠。海尔蒙特是17世纪著名的化学家和哲学家，他是引导炼金

海尔蒙特

术向化学学科转变过程中的重要人物，也是最早发现二氧化碳（CO_2）的人。他认为木头等物质燃烧后得到的是野气，也就是我们常说的二氧化碳。海尔蒙特在化学方面的工作是突破性的，但是在生物自然发生论上却摔了一个大跟头。仔细分析他的这些说法，可以发现，其中有很多漏洞。例如，如何确认这些老鼠或苍蝇不是从外界进入的呢？这些实验的环境不是完全封闭的，即使是封闭的，也不能排除这些没有经过消毒的肮脏的破布中原先就存在着苍蝇卵，在合适的温度之下，这些卵很有可能会孵化出蛆来。

当我们现在掌握了科学知识，再回过头来看这样的说法，就知道它们是站不住脚的，但是，我们也不能一棍子将这些观点全部打死，我们应该把这些说法放在当时的历史条件下去看，在科技极其落后的古代能够进行这样深入的思考，提出这样的观点，也是有一定贡献的。

1.3 “原始汤”中的生命

对于生命的起源，还有一种化学起源假说，相比自然发生论，这一假说更容易获得多数人的认可。该假说的主要内容是，生命的诞生经历了两个主要阶段：第一阶段，在原始的大气和海洋中，发生了前期的化学反应，形成了最原始的有机物和生物大分子体系；第二阶段，这些大分子形成原始的生命。

化学起源假说中的原始地球海洋，充满了各种不定的因素，里面具备了化学反应发生的各种条件，也有大量的小分子物质，就像一锅诞生生命的“原始汤”。“原始汤”的理论是由苏联生物化学家亚历山大·伊万诺维奇·奥巴林（Oparin, Alexander Ivanovich）和印度生物学家霍尔丹（Haldane）共同提出的。而我们教科书中经常提及的“原始汤”实验是由奥巴林所创造的。

原始海洋的图景

原始汤

奥巴林在1936年出版了《地球上生命的起源》，在该著作中，他提出了关于生命起源的假说。他认为在原始的地球大气中，充斥着大量的宇宙射线、紫外线、闪电等一些蕴含着大量能量的能量源，在它们的作用下，原始大气中的CO_2、N_2、H_2S、H_2、NH_3等不断地发生着聚合反应，最终形成小分子化合物，如氨基酸、嘌呤、嘧啶、核糖等，这些都是构成大分子生命物质的基本成分。

原始的地球就像是一个巨大的反应容器，内部火山持续喷发，温度很高，很多由火山喷发带来的气体，包括CH_4、NH_3、HCN、H_2S、CO_2等共同组成了原始的大气，在强烈的紫外线、宇宙射线、高能粒子流、闪电等能量的作用下，合成了各种小分子化合物。

为了进一步验证这个假说的正确性，科学家们尝试在实验室里模拟原始地球中的大气和海洋环境，看看能不能在这些能量源的作用下将无机物合成简单的生命基本物质，包括核酸和蛋白质的前驱体：氨基酸、多肽、核苷酸……

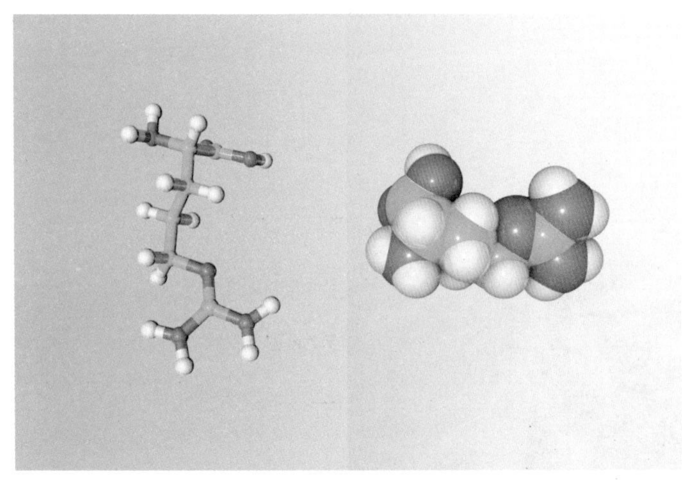

氨基酸中的精氨酸

1953 年，美国芝加哥大学的研究生米勒（Miller）在导师的指导下，将水注入 500 毫升的烧瓶，同时把玻璃瓶中的空气抽走，加入模拟原始地球还原性大气的由 CH_4、NH_3、H_2 等组成的混合气体。实验中，他持续加热烧瓶，让水蒸气和模拟原始大气中的混合气体通过密闭的管道进入另外一个容量为 5 升的大烧瓶中，接着通过电火花放电来模拟原始大气中的雷电。一周之后，实验团队检测聚集在容器底部的溶液，看有没有简单的物质生成，这些溶液就相当于生成的物质被雨水冲淋后形成的原始海洋。经过化学检测，结果发现，这些经过放电冷却的溶液中存在 20 种有机物，其中包括 11 种氨基酸，而这 11 种氨基酸中有 4 种氨基酸是人体必需的氨基酸，它们分别是甘氨酸、丙氨酸、天冬氨酸和谷氨酸。

这个实验的结果证实了奥巴林和霍尔丹假说的正确性。米勒对假说中还原性大气的成分进行了一些改动，他认为原始地球中还原性大气的

蓝色闪电弧放电

主要成分应该是CH_4、N_2，以及微量的NH_3和H_2O，因为大量的NH_3会直接溶于水中。随后米勒和同事又做了大量的实验，通过不断地变换实验条件，分别利用紫外线、β 射线、高温等作为能源，同时更换混合气体的成分，例如，用H_2S替代H_2O，用 HCN 替代CH_4，实验的结果表明都能够产生氨基酸小分子。

氨基酸小分子产生之后，生命的起源就有了最基本的原料。如果在合适的环境下，例如在海底火山口附近的高温条件下，就可以进一步发生缩合反应，生成一些氨基酸的聚合体。后来有学者也进行了相应的实验，把 20 多种天然氨基酸按照酸性、碱性、中性分别进行混合，加热到 170 摄氏度左右，就可以得到某些类蛋白物质。

这个假说其实也得到了证实，在原始的大气环境中，通过适当的能量源的作用，是可以生成有机物和生物大分子的。从无机到有机、从简单到复杂的化学反应在原始地球的环境下是可以完成的，但是能不能由这些大分子演化成简单的生命依然没有定论。

1.4 来自外太空的礼物

除了上面我们说到的几种生命起源的观点之外，还有一种比较流行的观点：生命起源于外太空，也就是常说的“泛生假说”，又被称为“宇宙胚胎种源假说”。

地球的年龄大约为 46 亿年，这样漫长的时间对于人类的历史来说太长了，但是地球对于浩瀚的宇宙来说，又显得那么微不足道，因此在广袤的太空中可能存在着更多的未知和生命起源的可能。

1907 年，瑞典化学家斯万特 · 奥古斯特 · 阿列纽斯（Svante August Arrhenius）最先提出了“宇宙胚胎种源假说”。他在著名的《宇宙的形成》一书中提出了这样一种观点：在广袤的太空中漂浮着大量的“生命

外太空中的陨石

胚种”，这种所谓的“生命胚种”就是生命最原始的形式，可以发展诞生出生命。它们在太空中随着太阳风、黑洞压力等外力的作用四处飘荡。有机会伴随着陨石、彗星、星际尘埃等降落到一些星球的表面，如果恰好这个星球有合适的条件进行生命的孕育，那么就会诞生出最原始的生命。这样外太空的“生命胚种”就从一个星球传播到了另外一个星球。而地球上的生命正好来源于外太空的“生命胚种”，是外太空的礼物，“生命胚种”造就了地球上繁盛而多样的物种。

这种理论乍一听有点儿脑洞大开，但是它自从诞生伊始，就得到很多科学家的支持，包括美国国家航空航天局（National Aeronautics and Space Administration, NASA）的天体物理学家，他们认为地球上的生命很可能是起源于40亿年前坠入海洋的一颗或者数颗彗星。

目前，地球上也存在很多从外太空坠落下来的陨石，其中被研究得最为广泛的一颗是1969年坠落在澳大利亚默奇森镇的被命名为“默奇

太空中的陨石

森”的陨石。这颗陨石中含有70多种氨基酸，包括常见的甘氨酸、谷氨酸、丙氨酸等，还包括两种构成生命不可缺少的核酸分子：尿嘧啶和黄嘌呤。而且经过放射性碳测年分析，证实了这些分子都是在外太空就已经形成了，给“宇宙胚胎种源假说”提供了最直接的证据。

但是我们仔细思考一下，似乎这样的假说存在着一些难以解释的问题。例如，在浩瀚的外太空中，存在着极具破坏性的射线，如紫外线等，它们对于生命物质，包括所说的“生命胚种”都有强烈的致死性，那么这些原始的生命物质是如何存活下来的呢？另外，在进入地球的过程中，还要经历一系列高温、高热的严酷环境的考验，地球上当时的生存环境也未可知，这些简单的蛋白质分子或者核酸分子能够在这样的环境下保持活性吗？因此，这种说法还有待进一步的证实。

1.5 在毒与热的深渊

目前，关于生命的起源，还有一种假说得到了更多人的认可。这种假说认为生命应该是起源于原始的海洋底部。

1979年，在太平洋中深达2000米的海底，科研人员发现了很多冒着黑色溶液的喷发口。这些黑色的溶液在被冰冷的海水冷却之后，迅速地堆积形成一种独特的柱状体。这些柱状体附近存在着很多原始的微生物群落，包括嗜硫细菌、古细菌等，它们可以通过氧化硫离子、锰离子、亚铁离子等物质来获取能量，将无机碳转化为有机碳。而海底涌出的丰富矿物元素也给这些细菌的繁殖和生长提供了充足的养分，这样就形成了一个特殊的生态系统。

海底火山口

海底喷出的液体，温度高达 350 摄氏度，并且含有 H_2S、CH_4、CN 等小分子，为非生物有机合成提供了条件。这些化能自养的细菌可以利用热泉中喷出的硫化物中的能量去还原 CO_2，来制造有机物。

地质学的研究表明，海底热液喷口附近的环境条件和原始地球的环境极其相似，因此，很多科学家就猜测原始的生命很可能就是起源于海底的水热环境中，而不是原先认为的原始大气。那么在这样的环境中，就有了孕育生命的可能，因为在这样的环境中，存在着大量丰富的还原性物质，可以通过氧化这些还原性的物质来提供能量，然后逐步地将无机物变成有机物，再从小分子合成大分子，继而逐步地孕育出生命。

这种假说得到了来自基因组测序结果的支持和地质学研究的支持。美国伊利诺伊大学的研究人员卡尔 · 沃伊斯（Carl Woese）等对海底热液口的细菌进行了基因组序列分析，得出结论：这些细菌是最简单、最古老的古细菌原核生物，与真细菌和真核生物并列为第三界，足以说明它的古老历史。1996 年，美国基因组学研究所的研究人员也对太平洋海底的一种产甲烷的细菌进行了基因组序列分析，破译了 1700 个基因密码，确定了这类古细菌是与真细菌和真核生物不同的第三种分支，而且从起源的角度来说更为古老，借此推断这些古细菌是原始生命最早的形式。

另外，地质学上的证据也间接地支持了这一假说。我们知道，在没有经受变质作用的古老岩石上会保存着生命活动所遗留下来的痕迹，这也是地质学中探索生命起源的重要依据。1997 年，在格陵兰的伊塔地区发现了被认为是极其古老的岩石，该岩石经过分析已经有 38.5 亿年之久，也是迄今为止所发现的最为古老的海洋沉积物，在岩石中有明显的生物存在的痕迹，而在这么古老的年代就有生命活动的痕迹，也间接说明了生命起源于原始海洋底部的古细菌。

这种假说提出之后，也遭到了很多人的质疑。例如，有人认为在

甲烷八叠球菌属古生菌

海底附近的高温会对化学反应的进行起到促进作用，但是高温也对组成生命体的蛋白质有着极强的破坏性；形成的黑色的柱状体复合物寿命很短，只有几十年的时间，这么短的时间内是无法孕育出生命的，并且周围的环境酸性太强，pH 值为 1~2，不利于生命的诞生；等等。

在生命起源多种假说的“百家争鸣”之下，还出现过几次影响较大的科学争论。第一次是在自然发生论与生源论之间展开的。生源论是相对于自然发生论而言的，由法国生物学家路易斯 · 巴斯德（Louis Pasteur）所提出，即生物不能够自然发生，只能通过生物的繁殖产生。最终，巴斯德通过一系列精确实验提供了确凿的证据，宣告生源论的彻底胜出。第二次争论是宇宙胚胎种源假说与化学起源假说的争论，由于在外太空广泛存在的紫外线和宇宙射线对于生命物质具有强烈的杀伤作

生命的起源

用，因此化学起源假说占据了上风。第三次争论的主角也是这两种理论，以奥巴林学说为代表的原始地表化学起源说已基本成熟并迅速推广开来，可是半路杀出个程咬金，伴随着射电天文学和宇宙化学的飞速发展，宇宙中存在的大量有机物相继被发现，宇宙胚胎种源假说又占据了上风。

面对众说纷纭的假说，生命起源的真相究竟是什么，依然是一个未知数，也需要等待我们进一步的研究。但是我们相信，终究有一天，我们能够顺利地揭开它的神秘面纱！

2 是“进化”还是“演化”

在生命诞生之后，地球上的物种便开始了长达几十亿年的演变之路，最终形成了丰富多样的物种群体。

由于不断有新的物种诞生，也有老的物种灭绝，在人类文明发达之前，我们无法对所有物种一一记录，因此没有办法确认自从生命诞生以来全世界究竟演化出了多少物种。可以肯定的是，绝大多数的物种已经灭绝了，现存的物种数量只是生命诞生以来所有物种数量的一小部分。

2.1 动植物该如何分类

如果我们要认识和了解这些物种，就必须对它们进行系统的分类。早在文字出现之前，人类就开始对生物进行分类。很多博物学家开始将具有同种性征的物种归类在一起，按照从无到有、从简单到复杂的顺

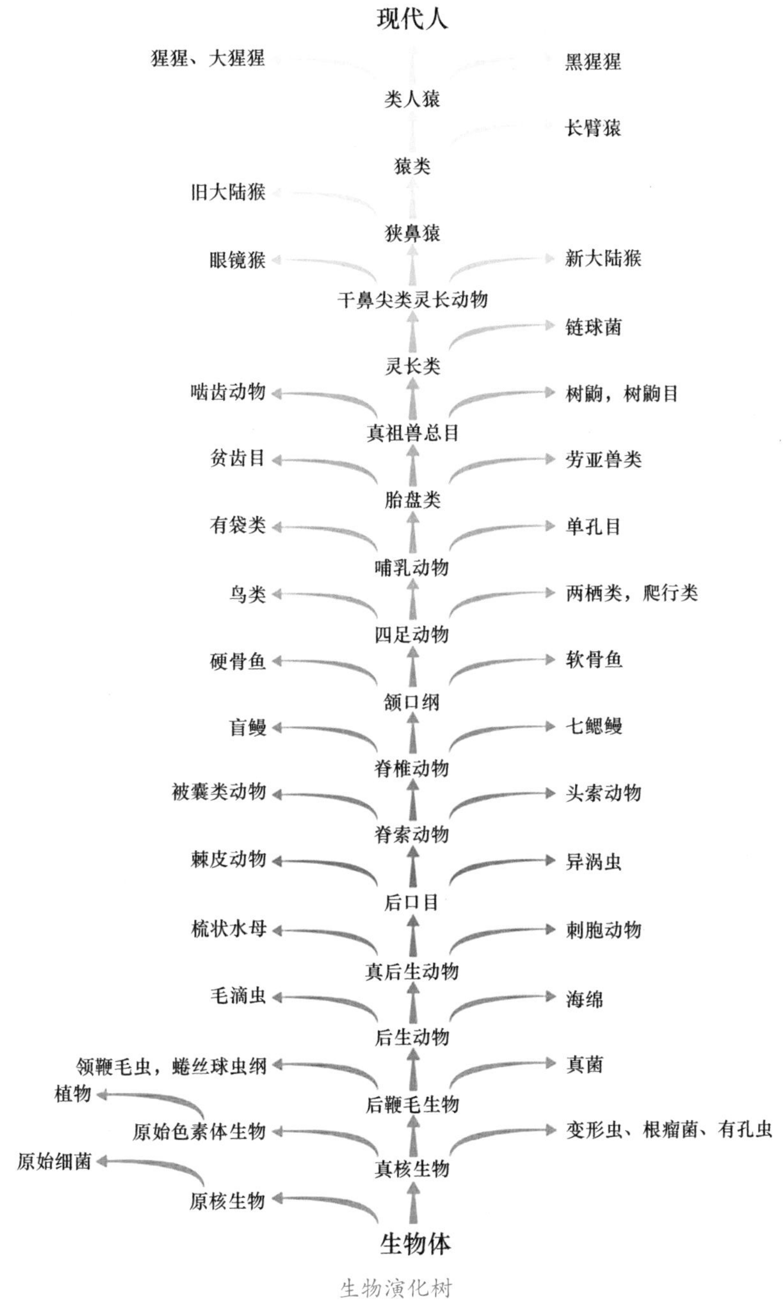
现代人
猩猩、大猩猩
黑猩猩
类人猿
长臂猿
猿类
旧大陆猴
狭鼻猿
眼镜猴
新大陆猴
干鼻尖类灵长动物
链球菌
灵长类
啮齿动物
树鼩，树鼩目
真祖兽总目
贫齿目
劳亚兽类
胎盘类
有袋类
单孔目
哺乳动物
鸟类
两栖类，爬行类
四足动物
硬骨鱼
软骨鱼
颌口纲
盲鳗
七鳃鳗
脊椎动物
被囊类动物
头索动物
脊索动物
棘皮动物
异涡虫
后口目
梳状水母
刺胞动物
真后生动物
毛滴虫
海绵
后生动物
领鞭毛虫，蜷丝球虫纲
真菌
植物
后鞭毛生物
原始色素体生物
变形虫、根瘤菌、有孔虫
原始细菌
真核生物
原核生物
生物体

生物演化树

序将它们一一排列起来。这样就会让这些博物学家萌发一个想法：生物究竟是在什么时间、什么地点起源的，其中有没有某种内在的联系呢？哪一种生物是现在所有生物的祖先呢？

在古代欧洲，一直按照柏拉图（Plato）提出的两叉式分支法来划分动物的种类。例如，把动物分为水栖动物和陆地动物，有翅膀的动物和无翅膀的动物等，这是一种有着明显对立特征的动物分类方式。这种简单的分类方式虽然有一定的道理，但是却存在着致命的缺陷，容易人为地造成同一物种的分裂，让人明显地感觉到这种分类方式是不正确的。例如，我们把有翅膀的蚂蚁分类在有翅膀的动物中，把没有翅膀的蚂蚁分类在无翅膀的动物中，人为地把蚂蚁这一物种分割开来，显然是不合适的。因此，在这种分类方式出来之后，不少学者表示了质疑。

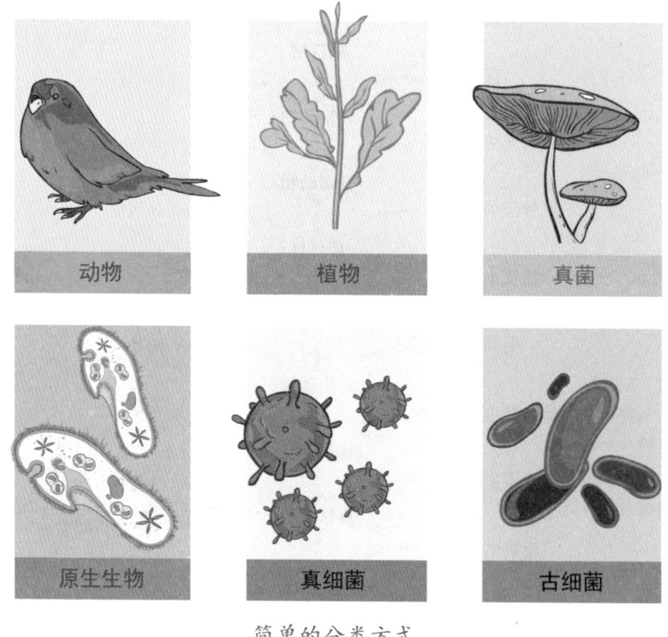

简单的分类方式

柏拉图的学生亚里士多德萌生了初步的分类学思想，认为可以找到更加合理的分类方式。他描述了 500 多种动物，并对这些动物进行了分类。他按照动物有无红色的血液将动物分为有血动物和无血动物两类。虽然在现在看来，这种分类方式过于简单，但是在当时，这种分类方式还是具有重要价值的。其实我们现在知道，依据动物的血液进行分类是一件相对来说比较复杂的事情。一些低等动物，如原生生物界的原生动物水螅、涡虫、绦虫、蛔虫等，因为它们的肌体没有高度分化，通过体液渗透就能够满足相应的循环供氧需要，所以它们是没有血液的。另外，生物血液的颜色也并非都是红色的。肢口纲的鲎在氧合状态下血液为蓝色，在非氧合状态下血液为无色或白色；有些多毛虫，如帚毛虫科、绿血虫科动物的血液在氧合状态下为红色，在非氧合状态下为绿色；腕足类动物的血液在氧合状态下为紫红色，而在非氧合状态下为褐色；虾、蜘蛛、乌贼等动物的血液是青色的；节肢类动物的血液是无色或淡蓝色的……亚里士多德认为红色的血液才是血液，而具有其他颜色血液的动

鲎

物在他的理论里就会被归类为无血动物。

亚里士多德是欧洲第一位创立动物学分类理论的学者，也是第一位按照动物性状特征进行动物分类的学者。同时，他在植物分类方面也做了大量工作，由于种种原因，他的研究成果没有被保存下来，但是他的学生、植物学家狄奥弗拉斯图（Theophrastos）明确地区分了动物、植物，阐明了两者之间的区别。他提出了一个很有意思的观点：植物体在损失一部分身体后，会很容易得到更新，而动物体在失去一部分身体后，更新是极其有限的。这成为区分动物、植物的重要特征之一。

整个自然界的生物物种数量是极其丰富的，目前已知的生物物种数量约为 200 万种，而已经灭绝的生物物种数量则高达 1500 万种。因此，如果没有一种公认的分类方式，各个研究机构或学者自说自话，那么，不仅会导致大量的重复研究和资源浪费，还不利于信息的传递与交流。瑞典博物学家卡尔·冯·林奈（Carl von Linne）是生物分类学的先驱，他用了 5 个月时间进行野外考察，采集了大量的植物标本。通过实地考察，他对植物标本进行了分类整理，按照相似的形态特征进行编组，并在心中开始思考酝酿，什么样的特征才是整个植物界的分类标准。1735 年，林奈在荷兰获得了博士学位，并出版了他的第一本博物学著作——《自然系统》。在自然界中的动物如猴子、鹰、苍蝇等，虽然在生活中人们会以统一的名称来称呼它们，但是在研究中，每个名称下可能还包含着多个物种，同一个物种在各地还有着不同的称谓。所以制定统一的命名法则成为当务之急。林奈提出，对自然界的物种应该按照界、纲、目、属、种的分类方式进行系统的分类，同时提出了双名制命名法的命名法

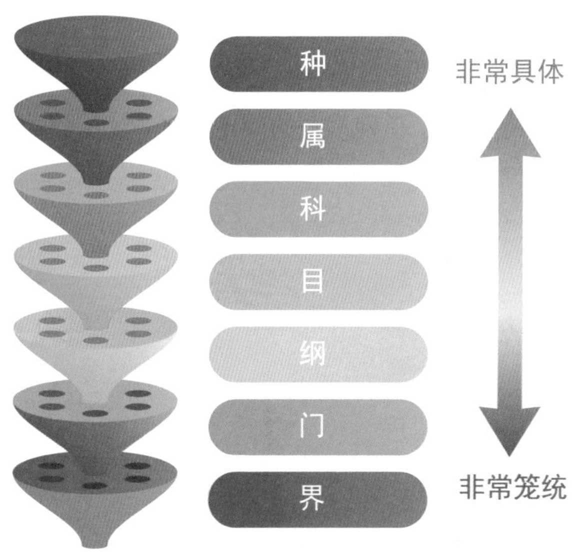

分类系统的等级

则。第一个名字是属名，后一个名字是种名。例如，人类的学名 Homo sapiens 就是林奈制定的，其中 Homo 是人属，sapiens 是智慧的意思，所以可以称为智人。林奈首次将生物学中的物种分到一个多级的分类系统中。每一级成为一个分类阶元并沿用至今，现在已经逐步完善成为 7 个基本的阶元，其从大到小的顺序是：界、门、纲、目、科、属、种。其中还可以添加一些子单元，如在目下增加一个亚目，在科上增加一个超科。分类学按照界、门、纲、目、科、属、种的方式对自然界中的动物、植物进行系统的分类，按照器官的相似性，将类似的生物归纳在一起，形成一条完整的生物进化谱系。

2.2 百家争鸣

在生物体按照特定的性状被归类为同一物种之后，我们可以清楚地看到同一物种的生物从简单到复杂的演化关系，这不禁让人产生思考，按照这样的思路追本溯源，同种生物的祖先是不是起源于同一属，同一属的生物是不是来源于同一科，同一科的生物是不是来源于同一目？最终，所有的生物是不是有一个共同的祖先呢？这个祖先又会是什么生物呢？

在进化论发表的前夜，社会上充斥着各种思想。例如，德国魏尔纳（Werner）的水成论、英国杰姆斯·赫顿（James Hutton）的火成论、法国乔治·居维叶（Georges Cuvier）的灾变论、英国查尔斯·赖尔（Charles Lyell）的地质渐变论等，其中，居维叶的灾变论和赖尔的地质渐变论最具影响力。居维叶是法国著名的博物学家，也是介于拉马克（Lamarck）和达尔文（Darwin）之间的一位划时代的人物。灾变论是地质学史上的一项重要理论。灾变论并不是居维叶首先提出来的，在他之前已经出现了很多不同种类的灾变论。

居维叶的理论其实并不新鲜，17—18 世纪涌现出的大量灾变假说为他的理论奠定了基础。当时法国有一位著名的学者博内（Bonnet），提出了一个观点：世界会发生周期性的大灾难，每次灾难都会毁掉地球上存在的一切生物，然后又会重新创造出比之前更为高级的生物。他甚至还预言，在未来的某一次灾变后，在猴子和大象中会出现一个培罗（Pelor），在海狸中会出现一个牛顿或者莱布尼茨（Leibniz）。这是典型

不同的自然现象

的灾变学说。居维叶提出了自己的理论——灾变论：世界经历了多次大的灾难，例如洪水，大规模的洪水将世界上的一切生物都毁灭了。在毁灭了所有的生物之后，造物主又创造出新的生命。他的观点像是进化学说与宗教学说的结合体。自然界确实发生过很多次大范围的灾难，包括导致恐龙灭绝的大灾难。灾变事件的存在是可信的，然而居维叶认为灾难之后，是造物主创造了新的生命，这就又回到了唯心主义的观点上。

赖尔的地质渐变论也有着重要的影响。赖尔是一位坚定的进化论拥护者，他在对火山的研究中发现，地质的变化是渐变的，是长时间累积的过程，是经过上亿年自然力的作用后逐步形成的。他的著作《地质学原理》多次再版，他以优美的笔调将进化思想广泛传播，为进化论的诞生奠定了坚实的基础。

赖尔出生于苏格兰福法尔郡金诺地村，17 岁时进入大学学习，并痴迷于考察地质和采集化石，他在学校里参加了地质考察组，到处参观考察。经过大量的考察实践，他对地质学产生了浓厚的兴趣。凑巧的是，赖尔与灾变论以及火成论都有很深的渊源。赖尔的老师巴克

赖尔

兰（Buckland）是一位忠实的灾变论的粉丝，他对居维叶有着极强的个人崇拜，因此在讲课中掺杂了大量的个人情感。然而，赖尔却不为所动，他在自己的著作中表达了对于灾变论反对者的同情，因此不可避免地与老师产生了学术分歧。赖尔最喜欢的一本著作是科学家普雷菲尔（Playfair）的《关于赫顿地球论的说明》，赫顿是火成论的创立者。火成论的主要观点是：花岗岩的矿物晶体结构不可能是水中沉淀的产物，而是岩浆冷却后的结晶物；花岗岩脉与其他层状岩石的穿插切割关系，也说明它不是沉积的而是地下岩浆活动的结果。赖尔对这种朴素的唯物主义观点有着发自内心的强烈认同感。

19 世纪 20 年代，赖尔开始了他的地质考察之旅，他的足迹遍布了英国、法国、瑞士、意大利、德国等国家。他在这次考察中有一项重要使命，就是为自己的著作《地质学原理》寻找实际物证。在考察过程中，他有幸结识了拉马克（Lamarck）、居维叶、亚历山大 · 冯 · 洪堡德

（Alexander von Humboldt）等著名科学家，与他们进行了深入的交流。1827 年，在古生物学家吉迪恩·曼特尔（Giden Mantell）的推荐下，他拜读了拉马克的《动物学哲学》。虽然他此时还没有形成完整的进化思想，对拉马克的进化思想也未必认同，但是拉马克的进化思想对于赖尔渐变论思想的形成与完善还是产生了潜移默化的影响。赖尔在《地质学原理》的写作过程中，逐步表达出将地质现象归结于自然本身“水”和“火”的共同作用，以及地球在发展过程中是渐变的思想。这一观点的抛出在当时引来了极大的争议和不满。1829 年，赖尔在伦敦地质学会上宣读了自己与他人合作的论文《以法国中部火山说明河谷的冲蚀现象》，巴克兰对其进行了激烈的反驳，师生之间闹得非常不愉快。科学上的争论与观点的捍卫，并不存在学生一定要服从老师的道理，如同亚里士多德所说：“吾爱吾师，吾更爱真理。”

1830—1833 年这 4 年间，赖尔出版了《地质学原理》的前三卷。1837 年，他出版了《地质学原理》第四卷，向灾变论发起了最后挑战。赖尔认为灾变论的最大问题在于：它将时间维度缩短了，将几百万年的发展时间误以为只有几百年……除了承认自然界中存在一次重大的灾变之外，它不包含任何有价值的理论。赖尔认为，人类是由其他生物进化而来的，地球在进行着持续不断的缓慢变化。赖尔对于地质学的分析和研究，对研究新生代地层的发展以及人类的起源和发展有着重要的理论意义。

2.3 自由自在的达尔文

提到进化论的诞生，有一位重要的人物永远无法绕过，这就是进化论之父——达尔文（Darwin）。达尔文1809年出生在英格兰中部地区什鲁斯伯里的一个富裕的中上阶层家中，家境比较富裕。他的祖父是一名博物学家，父亲是一名事业有成的医生，母亲也受到过良好的教育。在这样的环境下，达尔文却没有成为一个我们口中所说的乖孩子，整天忙着爬树、抓鸟、捕捉昆虫，以至于父亲经常大声地呵斥他："你整天不是打猎、养狗，就是抓老鼠，你这样会让自己和全家人都丢脸的。"但是达尔文依然没有按照父亲的要求选择自己未来发展方向的意思，他感觉射击和打猎，以及在大自然中自由自在地玩耍才是一件非常幸福的事情。

1825年，父亲把达尔文和他的哥哥（Erasmus）一起送到爱丁堡学

达尔文雕像

医。能够与哥哥同行，他显然是乐意的。但是他很快就发现，自己非常厌恶学习医学。很快，两年时间过去了，1827 年，达尔文并没有按计划拿到学位，就离开了爱丁堡。他多次对家人强调他一点儿也不爱学习医学，也不想和尸体打交道，他既不喜欢学医，也不喜欢父亲给他安排的当牧师的职业。为了摆脱令他讨厌的医学，他选择了相对来说不是特别讨厌的牧师职业，接受父亲的意见成为一名乡村牧师。但是在爱丁堡，达尔文也不是一无所获，当时他结识了一位年轻的动物学家罗伯特·格兰特（Robert Grant），是他给了达尔文启发，让达尔文了解到进化论先驱——拉马克的理论，引导他了解了最初的“物种变异”的进化思想。

从爱丁堡离开之后，达尔文开始在剑桥大学就读。在剑桥，达尔文有幸结识了剑桥大学的植物学教授约翰·史蒂文斯·亨斯洛（John Stevens Henslow）和地质学教授亚当·塞奇威克（Adam Sedgwick）。在他们的指导下，他了解了丰富的动植物学和地质学知识，而这些也是今后他在远洋航行中的重要武器！

1831 年的春天，达尔文顺利通过了自己的学士学位考试，他虽然顺利毕业了，但是心里对于未来的路究竟该怎么走还是非常忐忑。他不想毕业后回到家乡过上一眼就能看到老的日子，他想去实现自己旅行和探险的梦想，就像他心心念念渴望去加那利群岛探险一样。

一个非常偶然的机会，达尔文收获了他人生中的第一个“大礼包”。

当时，英国皇家海军“比格尔”号要进行一次远洋勘测和探险航行，希望亨斯洛推荐一个合适的人选。虽然亨洛斯自己觉得这是个好机会，但是想到要离开自己的妻儿，他心里又有点儿割舍不下。于是，他推荐了刚从剑桥毕业的学生杰宁斯（Jennings）。然而在临行前，杰宁斯由于种种原因突然变卦了。这时候，亨斯洛想到了达尔文，希望达尔文可以临阵补缺，以博物学家的身份进入皇家海军“比格尔”号远航。

达尔文的父亲一开始并不同意儿子进行远洋航行。一方面，达尔文随军舰出海需要他来买单，而且出海航行的时间是一个未知数；另一方面，他担心这样的旅行会让达尔文找到另外一个借口，耽误他更多的时间，会完全改变他未来的人生轨迹！但是，达尔文去意已决。面对年轻且倔强的儿子，父亲最终妥协了。

就这样，达尔文成功地踏上了旅途。他兴奋地宣称：“南美洲的甲虫要倒霉了！”

2.4 进化思想的萌芽

“比格尔”号停靠的第一站，是西非海岸佛得角群岛上的圣地亚哥。靠岸后，达尔文迫不及待地上岸去找寻动植物标本。每到一个地方，达尔文都会仔细地进行实地搜寻。“比格尔”号有时候会在一个海岛待上两天，有时候会在一个海岛待上十天半个月，达尔文正好也可以趁机缓解一下长期海上颠簸带来的晕船呕吐感。

3 年后，他们到达了智利。在这里，他看到了地震的强大威力，也逐渐相信，大自然的力量完全可以将原先存在的物种都彻底毁灭了。

在工作中，达尔文搜集了大量的实物资料。在别人休息时，他开始阅读拉马克和赖尔的著作，先驱们的物种进化思想逐渐在他的身上萌

达尔文的地雀

芽、生长。达尔文开始尝试利用自己搜集到的物证去验证这些思想，同时他也开始思考，是否可以利用手头的资料建立起全新的进化理论呢？当时教会宣扬的神创论漏洞百出，却从未改变，事实就是推翻它的最好武器，而达尔文已经做好了战斗前的准备。神创论认为每一个物种都是由上帝亲自创造出来的。达尔文在厄瓜多尔西岸的加拉帕戈斯群岛发现了大量的海龟和地雀，而这些海龟和地雀之间都存在着或多或少的差异。例如，各个岛屿上的地雀在体形、颜色、食性、鸟喙上都有着各自的特点。这是神创论无论如何也解释不了的——上帝怎么会有时间不厌其烦地创造出这么多各有特色而又属于同一种类的生物呢？唯一合理的解释就是生物是逐步进化而来的！对达尔文产生深刻影响的还有各种自然形态的变化。例如，他在智利安第斯山海拔 3657 米处发现了大量海蛤类动物的化石，这便证明了现在的山顶曾经是海底，地形是在逐步变化的，经历了沧海桑田的变迁。同时，这也印证了赖尔地质渐变学说的正确性。通过这些化石，达尔文对神创论充满了质疑与不屑，更加坚信物种进化的观点。科考回来后，达尔文开始着手写作。他将自己关于物种进化的观点和在考察途中搜集的物证资料结合在一起，用事实来论证自己的理论。

1859 年 11 月 24 日，划时代巨著《物种起源》出版了，他用大量翔实的证据论证了生物在不断进化、物种是渐变的观点。达尔文认为，自然界可以在相对较长的时间里，通过自然选择挑选出与自然环境相适应的物种。换句话讲，就是“物竞天择，适者生存”。实际上，进化论的提出应该是两位科学家共同的贡献，这一理论是由两位科学家分别独立提出的，除了达尔文以外，还有一位叫华莱士（Wallace），他是英国的博物学家、探险家、地理学家和人类学家。他在《物种起源》出版的前一年——1858 年，曾给达尔文寄去一篇论文《论变种无限地离开其原始模式的倾向》。在这篇论文中，华莱士详细地阐述了物种进化和自然选择的原理，可以说华莱士已经先于达尔文系统地提出了进化论的雏形。华莱士的经历和达尔文有着诸多相似的地方，他曾经在马来半岛和印度尼西亚群岛考察过。在考察过程中，他对大量的化石证据和物种形态学方面的证据进行研究，发现物种是逐渐进化的这一事实。在拉马克和赖尔进化思想以及马尔萨斯（Malthus）《人口论》的影响下，华莱士独立地提出了一整套的进化理论。这是历史上第一套完整的进化理论，在他完成整篇论文的时候，达尔文的著作尚未完成。

2.5 解释不了的难题

经过达尔文、海克尔（Haeckel）、赫胥黎（Huxley）、华莱士等的不懈努力，在《物种起源》出版后的几十年里，进化思想在社会上得到了普遍认可，人们开始逐步抛弃神创论、灾变论，转而接受进化理论。伴随着这一理论逐步深入人心，研究它的人逐渐增多，于是又出现了不少质疑的声音。

第一个让达尔文头疼的问题就是被誉为“热力学之父”的物理学家威廉·汤姆孙（William Thomson）提出的。汤姆孙从热力学角度进行测算，得出地球的年龄只有几千万年。这样的时间长度，对于进化论来说，无疑是白驹过隙，大自然几乎不可能在这么短的时间内完成物种的自然选择。这种质疑无疑是釜底抽薪式的，达尔文没有办法从专业的

地球的演化

角度进行反驳。但是令人感到戏剧性的是，这件事却并不怪达尔文，是汤姆孙在计算的时候忽略了地球内部的热量，因此计算出来的地球年龄远远小于实际的地球年龄，但是面对热力学的权威质疑，达尔文依旧束手无策。

第二个质疑来自爱丁堡大学的工程学教授弗莱明·詹金（Heeming Jenkin）。他针对《物种起源》中的遗传问题进行了有针对性的批评，在《物种起源》出版近十年的时间里，他写了一篇书评，这篇书评提出了一个问题，让达尔文陷入了尴尬的境地。他假设“一个白人因为海难流落到一个黑人居住的岛上，……不能就此得出结论，经过很多代或者无数代之后，岛上的居民就会都变成白人。”在大英帝国四处扩张的鼎盛时期，詹金认为，一个白人单枪匹马就可以征服岛上所有的黑人居民，先杀掉一部分，再娶上一群妻妾，然后给一大群孩子当爹。然而，即便有白种人那种明显的“优越性”，他也无法想象这就能将岛上后来的居民都变成白种人。达尔文意识到詹金的观点有一定的道理。

事实上，如果我们说遗传的作用好比把牛奶倒进咖啡里，两组性状通过遗传混合在一起，就会导致两者的稀释，这种稀释的速度是非常快的，这就从根本上否定了大自然日积月累漫长的选择概念。

所以达尔文不得不采取错误的“泛生论”来弥补自己观点中的漏洞。他认为，人体的每一个细胞中都含有携带了遗传物质的微小颗粒，我们把它称为“胚芽”。胚芽会从父母身上转移到后代身上，直到找到属于自己的地方。这种观点明显也是错误的，但是达尔文在当时不得不用这样的理论来弥补他学说中的漏洞。

咖啡与牛奶的混合

但是随着时间的推移，19 世纪中叶达尔文提出的进化论，又受到了来自多方的挑战。

首先，对达尔文进化论进行完善的是综合进化论。它从三个方面对之前不完善的地方进行了系统的修改。综合进化论最大的特点，是融合了格雷戈尔·孟德尔（Gregor Johann Mendel）的遗传学理论，解释了达尔文时代不能解释的可以遗传或者不可以遗传的问题。它从基因的角度，深入地解释了为什么有的性状可以遗传给子代，但是有些性状就无法遗传。它还对达尔文常常使用的错误观念——获得性遗传表示了批判。综合进化论还完善了之前进化论的不足。例如，达尔文认为个体是进化的主体，但是综合进化论就认为种群才是进化的主体。个体的数量太小，不能保证可以将性状稳定地遗传下去，但是种群的大数量就可以起到稳定遗传的作用。

1968 年，日本生物学家木村资生提出了进化的中性理论，这对

斑马个体

斑马种群

进化论来说是一项近乎颠覆性的挑战。他依据核苷酸和氨基酸的置换速度，提出了分子进化的中性选择学说：多数或者绝大多数突变都是中性的，无所谓有利或者不利，因此这些中性突变不会发生自然选择和适者生存的情况。生物的进化主要是中性突变在自然群体中进行着随机的“遗传漂变”的结果，而与选择无关。这一学说的提出对达尔文的进化论来说无疑是一次颠覆性的冲击。客观上说，由于生物的进化来源于突变，而突变很多是中性的，所以用“生物进化”这个词显得就不那么确切了，应该用“生物演化”可能会更加准确一些！

除了中性突变学说的挑战之外，来自化石方面的证据也逐步对进化论物种渐变的思想提出了挑战。按照进化论的说法，经过漫长的历史演变，各个时期的动植物演变过程都能够在不同时期的岩石地层中找到对应的化石证据。但是令人费解的是，化石中的链条却大多是缺失的。最典型的例子来自始祖鸟，我们可以看出始祖鸟既有鸟类的特征，又有爬行动物的特征。这个事实可以用来佐证鸟类也许是来自爬行动物，但是在始祖鸟和爬行动物之间以及始祖鸟与鸟类之间，并未发现任何中间形态的生物化石存在，这让坚定的渐变论者似乎从心底开始动摇了，这些问题从化石的角度是无法得到完美解释的。那么物种究竟会不会有跳跃

德国巴伐利亚侏罗纪
平版矿床始祖鸟化石

式的发展变化呢?

与此同时，现实中有很多能够佐证物种可以发生跳跃式变化的例子。从物种的数量上来看，现存的物种只有原先物种总数的十万分之一到千分之一，绝大多数的物种已经灭亡了，例如我们耳熟能详的恐龙的灭绝，在二叠纪的一次物种大灭绝中，有超过半数的物种灭亡了。因此物种的灭绝可以看成对渐变论的一种有力的驳斥。这种灭亡的状态完全是突变形式的，类似于之前居维叶的灾变论，没有任何的铺垫就突然发生了。

迄今为止，关于进化论的争论依然在进行，进化的理论也在逐步地发展和完善中。科学发展的历程中没有任何一种理论可以做到毫无瑕疵，都是在不断的质疑和驳斥中发展完善，这也许就是我们逐渐进步的阶梯，人类也只有在质疑中才能不断地砥砺前行!

3 6600 万年前的绝唱——霸主的灭绝

在聊完物种的起源和演化的过程之后，我们肯定会有很多的疑惑，既然从物种诞生以来，地球上出现了大量的物种，但是为什么现存的物种数量只有所有物种总数的十万分之一到千分之一呢？为什么会有那么多种物种，包括我们熟知的恐龙都灭绝了呢？

恐龙作为一种已经灭绝了的史前动物，它们让我们感到既熟悉而又陌生，熟悉的是在各种经典的电影

霸王龙

和电视剧、畅销的书籍、孩子们的玩具中都能见到它的身影；陌生的是恐龙离我们现实的生活非常遥远，毕竟它们生活在距今几亿年前的远古时代，我们从未真实地感受过恐龙的存在，它们的突然消亡也给我们留下了无限的遐想，这也正是其中的魅力所在。

3.1 霸主登场

伴随着整个世界从大灭绝中逐渐复苏过来，2.3 亿年前恐龙逐渐登上历史的舞台。古生物学家史蒂夫 · 布鲁萨特（Steve Brusatte）推测，最早的恐龙实际上出现在 2.4 亿年前至 2.3 亿年前。史蒂夫 · 布鲁萨特是电影《侏罗纪世界 3》的科学顾问，他命名了 15 个新物种，对恐龙这个物种有着独特的研究。

虽然恐龙的这次登场并不是那么耀眼，但是这毕竟意味着在接下来漫长的中生代，注定是属于恐龙的天下！而真正的恐龙究竟是从哪种原始的物种类型中脱离出来的，科学界至今都没有定论，到目前为止依旧是一个未解之谜。

在恐龙初次登场的时候，例如埃雷拉龙和始盗龙出没的年代，也就是距今 2.4 亿年到 2.3 亿年前，当时的地球和现在的地球是截然不同的两个世界，当时整个地球上的大陆是连在一起的，就像一个巨大的字母 C，地质学家又将它称为“超大陆”。这一整块大陆上的气候就像桑拿房一样，二氧化碳含量高，温室效应明显，气温比现在高得多。

地球上最适合物种生存的地方，就是南北极，那里气候温暖潮湿，就像现在的昆明一样四季如春。但是，伴随着地质板块的不断运动，火山喷发，大陆在不断变化，气候也在不断改变，在侏罗纪晚期，整个大陆的板块已经较三叠纪有很大的变化，彼此之间也在不断地分离，到了晚白垩纪，已经基本上有了现在地球上七大洲的雏形了。伴随着大陆板块的运动，气候也在逐步发生着变化，地球的温度在逐步地降低，不再是完全一片的桑拿房天气，南、北极也开始由温带气候向寒带气候转变，而其他大陆也在发生着演变。在这样一片广袤的土地上，原始的恐龙由跟猫差不多大的恐龙祖先开始逐步地演变而来。

恐龙的演化呈现出很强的地域性，挡住它们自由扩散的，不是地理上的屏障，而是难以忍受的气候，原先它们更多地集中在超大陆南部的某一个小的区域。毕竟恐龙始终喜欢生活在那些气候潮湿的地方。但是随着气候的逐渐变化，它们已经开始在地球的各个角落里自由发展了！

下面让我们一起还原恐龙的登场过程。在古生代的二叠纪，恐龙已经出现了，但是它们依旧生活在哺乳动物和鳄鱼亲戚占据统治地位的时代。这时候的恐龙还只是其中一种非常小众的生物，也算不上很凶猛，常常被其他动物欺负。当时地球上的霸主是一种叫作蜥鳄的生物，蜥鳄是一种凶残的、25 英尺（1 英尺约合 0.3048 米）长的鳄系主龙类动物，它们面对恐龙有着绝对的优势。之前我们提到了物种“界、门、纲、目、科、属、种”的分类方式，主龙类分别向两个方向发展：一支分化成鸟跖类，另一支分化成假鳄类。其中，假鳄类始终占据在生态位的顶部，并且逐步演化成鳄类，鸟跖类逐步演化成恐龙。在古生代的三叠纪中，始终是假鳄类站在食物链的最顶端，恐龙在它们面前显得微不足道，根

三叠纪时期的恐龙

本没法和它们抗衡。当时还有一种非常可怕的两栖类生物叫作宽额螈，作为青蛙、蟾蜍、水螈和蝾螈的祖先，它的样貌丑陋、性格凶残，头约有 1 平方米这么大，两颌里长了数百颗牙齿，又宽又大，近乎扁平的上下颌，可以吞下几乎所有想要吃的东西，那个时代的恐龙都希望离这种恐怖的动物越远越好，遇到了也得绕道走。

所以面对这么多强大的对手，恐龙只能选择隐忍下来，慢慢积蓄力量，盼望着属于它们的时代到来。

3.2 走上巅峰

伴随着三叠纪的结束，恐龙和它最大的对手——假鳄类一起进入了我们最熟悉的侏罗纪，那么恐龙是如何从凶残的假鳄类的统治下脱颖而出，取得统治权的呢？这也是恐龙演化最关键的一步。

恐龙是如何做到这一点的，古生物学界有一些大胆的推测。目前，相对来说得到大家公认的说法是因为三叠纪末期的火山大喷发。由于地球的板块运动，泛大陆一直在不断地裂开，岩浆从地底喷涌而出。据古生物学家推测，有些地方喷发出来的岩浆堆积起来有 3000 英尺厚，足以吞噬两个帝国大厦那么高的建筑；泛大陆中央约 300 万平方千米的区域直接被熔岩所淹没；地表覆盖着熔岩的同时，大气中也充斥着各种喷发带来的有毒气体，全球温度急剧变化，变得更加温暖，这导致约 3 成的物种彻底灭绝了……

这种情景与 1 亿年之后恐龙灭绝的情况如出一辙，世事轮回。如果没有这次大的灭绝事件的出现，也许恐龙永远无法摆脱假鳄类的统治，更无法在与假鳄类的对抗中占据优势，也不可能在后续的生存发展中体型越来越大，分支越来越多，直至统治整个地球。恐龙可以说是这次大灭绝事件的最终获利者，原先的统治者——假鳄类幸存下来的仅仅只有几种原始的鳄鱼，最终演化成了我们现在所看到的短吻鳄和鳄鱼，其他的各种分支类型都销声匿迹了。

从二叠纪的末期逐步登上历史舞台，直到侏罗纪，地球才真正成为

假鳄类演化出的短吻鳄

恐龙的天下，它们主宰着整个地球直到白垩纪末期。恐龙在自己的乐园上不断地发展演化，出现了很多新的类型：小盾龙、双嵴龙、剑龙、雷龙、腕龙、梁龙……在侏罗纪后期，雷龙、腕龙这样的巨兽已经可以生长到 30 多吨，甚至更大。在白垩纪曾经出现一种巨龙类的种属，包括无畏龙、巴塔哥尼亚龙、阿根廷龙等，它们的体型庞大，体重超过 50 吨，有的比我们现在的波音 737 客机还要大，这么大的物种自恐龙灭绝之后就再也没有在地球上出现过，我们也很难想象，有什么物种能跟这样的庞然大物相抗衡？又有什么力量能将它们彻底灭绝呢？

在巅峰时期的侏罗纪，恐龙种群中出现了几种特别凶猛的分支。其中有一种号称“侏罗纪屠夫”的异特龙。它们的成年个体体重在 2 吨到 2 吨半之间，身长 30 英尺左右，善于奔跑。之所以获得了“屠夫”这

雷龙

腕龙

样的称号，是因为它们可以将自己的脑袋当成手斧砍杀猎物，它们的牙齿并不粗壮，但是头骨却非常坚硬，可以承受巨大的冲击。白垩纪还出现了另外一种鲨齿龙类，主要包括三个物种：南方巨兽龙、马普龙和魁纣龙。鲨齿龙类演化得更加强壮和凶猛，出现了鲨鱼一样的牙齿，可以轻松地撕碎食物，轻易地走上了食物链的顶端，成为那个时代的超级肉食者。另外，还有一种同样出现在白垩纪的暴龙，也是整个恐龙发展史上的终极统治者。美国古生物学家费尔菲尔德·奥斯本（Henry Fairfield Osborn）在 1905 年向全世界宣布他发现了一种新的恐龙，并将其命名为“君王暴龙”，意思是“凶暴的蜥蜴之王”。2009 年，在我国东北部地区也出土了一种类似的恐龙化石，古生物学家将其命名为中国暴龙。暴龙从一登场就站在了食物链的顶端，并且盘踞于此长达上亿年之久。

为什么暴龙有这么强大的攻击力呢？我们拿最具有代表性的君王暴

暴龙

龙做一个简单的展示。君王暴龙主要生活在6800万年前至6600万年前，它们主宰着北美中西部覆盖着森林的海岸和河谷。成年的君王暴龙长达42英尺，体重可以达到惊人的7~8吨，这虽然和植食性的恐龙没法相比，但绝对称得上是陆地上最大的纯肉食性动物，这在地球的发展史上也是绝无仅有的。君王暴龙的头部有一个微型汽车那么大，从口鼻部的前端到耳朵长约5英尺，嘴巴里有50多颗锋利的牙齿，口鼻部前端长着用于啃咬的短齿，在上下颌两侧各有一排锯齿形的“道钉”，大小跟我们常吃的香蕉差不多。这种牙齿看起来就像一排排尖锐的刀子，它们的手指和脚趾就像一把把弯曲的钢钩，体表覆盖着一层厚厚的鳞片。这些特征都预示着，这一定是一种恐怖的肉食性动物。

我们可以在电影中或者书中看到这样凶残的进食画面：暴龙叼起自己的猎物，不断地摆动头部，疯狂地撕咬，空中血花四溅，还伴随着牙齿的掉落。君王暴龙具有人类不具备的本领——终生不停地更换牙齿，可以补充在剧烈捕食中断裂或者损失的牙齿。君王暴龙的进餐方式也与众不同，它们采用的是“穿刺—拉扯式”的进食方式。在“穿刺”阶段，君王暴龙会用上下颌巨大的咬合力将猎物的骨头咬碎。这种咬合力究竟有多强呢？我们举一个简单的例子进行比较。人类臼齿的咬合力在 175 磅（1 磅约合 0.4535 千克）左右，非洲狮的咬合力在 940 磅左右，而君王暴龙的咬合力高达 3000 磅，是非洲狮咬合力的 3 倍多。“穿刺”之后进入的是“拉扯”阶段，君王暴龙会来回猛烈地撕咬，将猎物直接撕碎后吞进腹中，甚至连带着大块骨头，这也是为什么在很多恐龙粪便的化石中可以找寻到大量骨头碎片。而支持这些动作的最关键之处是拥有巨大的颌部肌肉，可以配合钉耙似的牙齿和坚硬的头骨轻松地撕碎和咀嚼猎物。

除了上述特殊的身体结构外，君王暴龙还有一个让我们非常好奇的身体部位，那就是它们的上肢。也许我们在电影中会嘲笑君王暴龙短小

暴龙短小的上肢

的上肢，因为这种短小的手臂看起来非常的可笑。为什么它们不会在进化的过程中将其彻底退化掉呢？就像鲸鱼一样，当它们逐渐从陆地走向水域的时候，就抛弃了无用而又累赘的后腿。原来这是有原因的，君王暴龙看似非常短小可怜的上臂，其实有着强大的肩伸肌和肘屈肌，可以用来压制住不断挣扎的猎物，好给上下颌咬碎猎物的头骨提供充足的固定时机，因此上臂也是它们称霸地球的一种有效的武器！

3.3 飞向蓝天

在掌控着整个地球的同时，恐龙的活动范围也逐步地扩大，它们不再仅仅局限于在陆地和海洋活动，也逐步开始向蓝天进军！

其实，关于恐龙不断演化以至于最终飞向蓝天，有一种普遍的说法：海鸥还有其他所有的鸟类都是从恐龙演化而来的，换句话说就是鸟类和恐龙有着共同的祖先。史蒂夫·布鲁萨特有一个非常重要的观点就是，鸟类就是恐龙。那么是不是就意味着，恐龙从某种意义上说并没有完全灭绝呢？所以，时至今日，“恐龙”也依旧生活在我们的周围。鸟类是恐龙主宰世界 1.5 亿年之后留下的永远不能被磨灭的遗产，是一个已经逝去的古老帝国的遗老。因此，鸟类是恐龙已经成为恐龙考古学家最为重要的一种发现。

鸟类是由恐龙进化而来的观点其实并不新鲜，早在达尔文的时代就已经提到一种重要的化石——始祖鸟化石，始祖鸟距今已有 1.5 亿年的历史。恐龙时代生活着很多鸟类，在侏罗纪中期的某一时期，一种体型小、有翅膀、能鼓翼飞行的真正的鸟类已经演化出来了。

会飞的恐龙

那么我们能不能简单地还原一下，鸟类是如何从恐龙中演化出来的？鸟类又是如何形成了它们独特的身体结构呢？例如，鸟类拥有其他生物所没有的羽毛、翅膀、没有牙齿的喙、叉骨、中空的骨头、牙签状的细腿……这样的体型也让鸟类拥有了飞翔的能力、极快的生长速度、温血的生理功能、高度发达的小脑、强健的胸部肌肉……

在我国辽宁出土的恐龙化石似乎给了我们一个可能的答案，某些在陆地上直立行走的恐龙的左右锁骨紧密地融合在了一起，形成了一个新的结构——叉骨，当时这个细微的改变主要是为了让在陆地上行走的恐龙在捕获猎物的时候能够更好地吸收冲击力，在生物的演化进程中，叉骨逐步在鸟类飞翔时演化成储存能量的弹簧。之后，胸部有叉骨的手盗龙又演化出了弧线形的脖子，据科学家的推测这可能与搜寻猎物有关，而且个头也变得更小，这样更有利于它们占据新的生态位——树木、灌木丛，可以搜寻到更多的食物。再之后，这些小型的、直立行走的、有

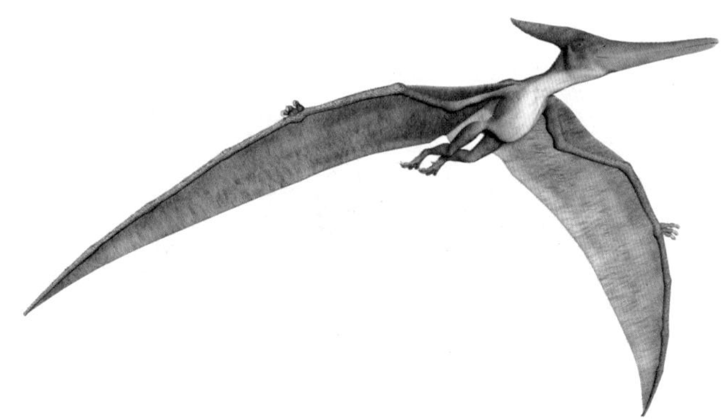
会飞的翼龙

着叉骨脖子摇来摇去的小体型的兽脚类恐龙开始将胳膊折叠在身体的两侧，逐步形成了现在鸟类原始的模样。

鸟类还有一项重要的特征，那就是羽毛。羽毛并不是在鸟类登上历史舞台时才出现的，而是在恐龙祖先身上就已经存在。当初羽毛的主要功能是用来保持体温和伪装身体，但是后来在鸟类身上却逐步进化出来用于飞翔的功能。翅膀不仅仅可以用来滑翔，类鸟的恐龙甚至开始利用羽毛进行飞翔。古生物学研究中的数学模型也显示，一些非鸟类的恐龙也能够通过拍打翅膀飞翔，包括小盗龙和近鸟龙。

有了上述身体结构上的改变，恐龙飞向蓝天也有了最基本的保证。演化的过程中出现了这样一类恐龙，它们身材小巧、翅膀上覆盖满了羽毛、生长迅速、呼吸频率极高。它们不断地在地面跳跃，不断地腾空飞上树梢，此时空中的飞行并不是它们生活的全部，只是在树上也存在着它们的一些生活的区域而已。但是这种行为，为自然选择开启了一扇飞向天空的大门，让它们具备了征服蓝天的能力和潜质！

3.4 霸主的谢幕

在距今 6600 万年前的地球，整个恐龙家族已经傲立在这颗星球长达上亿年之久，谁也想不到会出现历史性的改变，让这些称霸世界的霸主，这些站在整个食物链顶端的生物会在短短的时间里销声匿迹。

关于恐龙灭绝的说法很多，很多研究者给出了多种可能的猜测，但是这些说法都无法得以证实，其中有一种说法流传得最为广泛，那就是来自外太空的一颗行星的撞击，终结了恐龙在地球上的霸主地位，让它们从地球上彻底地消失，之前的所有传奇都归于平淡。

有这样一种说法，白垩纪的一天，在北美洲的西部，一颗彗星或一颗小行星与地球相撞，撞击地点位于今天墨西哥尤卡坦半岛所在区域，至今这里都存留着当时撞击的痕迹。这颗彗星的直径约 6 英里（1 英里约合 1.6093 千米），大小跟珠穆朗玛峰差不多，移动速度在每小时 67000 英里左右，比喷气式飞机快 100 倍，相当于 10 亿颗原子弹爆炸时所产生的能量。地壳被撕开了一道长约 25 英里的口子，直达地幔层，同时形成了一个直径超过 100 英里的陨石坑。如今我们也已经在很多地

陨石的撞击

质板块的岩层中发现了端倪，例如，在墨西哥发现的陨石坑，直径大约有 180 千米，深 900 米，被掩埋在数百米的沉积岩下面。

撞击发生之后，首先出现的是地球外壳蒸发、熔化或者被弹射出去，形成了一个大火球，横扫整个世界。随后这种巨大的火球不断地引发地壳震动，引发大火，撞击带来的能量需要从岩石和土壤中释放出去，整个大地都变成了蹦蹦床的模样，面对这样的灾害，地球上的绝大多数生物都是无法幸免的。处于霸主地位的恐龙并不清楚究竟发生了什么，只能四散逃命。所有的恐龙无论体型多大，在大自然面前都是如此的渺小，被大地抛来抛去，而且这种硕大的体型也成为它们灭绝的重要原因。

很多古生物学家认为，这次大型的撞击事件仅仅是一个导火索，伴随着撞击，大地不断地震颤，继发而来的是地壳的变化，火山喷薄而出，海啸随之而来，而撞击带来的后遗症也在逐步地显现。也许在当时有一些恐龙在撞击中侥幸存活了下来，在撞击发生之后，很多撞击点之外的恐龙也逐步感受到了连锁反应的可怕。在接下来的一个月、两个月、一年、两年的时间里，地球变得又冷又暗。撞击和火山喷发带来的各种烟

恐龙的灭绝

灰和岩石的粉末依旧滞留在大气中，遮蔽了阳光，随之而来的就是寒冷，就像是“核冬天”，只有非常顽强的生物才能够生存下来。漫长的黑暗时间让很多植物不能够进行光合作用，植物大量地死亡，紧接着带来的就是植食性动物的死亡。多米诺骨牌一张张依次倒下，直到当时地球的统治者——恐龙，也感觉到了绝望。

浩劫过后，仅仅只有部分体型较小的物种存活了下来，比例大概只有原先物种的 30%，甚至更少。活下来的哺乳动物比死去的哺乳动物个头更小，食谱也更加的广泛，它们可以四处游荡，同时又能够在洞穴中躲藏。而且生活在水中的生物比生活在陆地上的生物有着更强的生存适应能力。撞击发生之初，它们可以借助海水、湖水缓冲岩石的撞击和地震的袭击，之后，水中的生态系统受到自然环境的影响要滞后很多，一些水生植物死亡之后，腐败的尸体也能够给水生生物提供食物……

而这些优势，在恐龙的身上都荡然无存。恐龙硕大的体型在面对陨石撞击、岩石飞屑、火山喷发的时候，很难寻找到合适的掩护，直接暴露在打击之下，瞬间遭受到毁灭。此外，恐龙的演化让它们的食谱变得更加专一，要么只吃肉，要么只吃几种特定的食物，这种情况就不如幸存下来的哺乳动物，它们有娇小的身躯，有合适的庇护所，有广泛的食谱……

最后，恐龙灭绝还有一个容易被大家忽略的因素：大多数恐龙都是温血性动物，或者至少如此。因此它们的代谢水平高，需要大量的食物，不可能连续不吃不喝蛰伏几个月之久，而这一点两栖动物和爬行动物就可以做到。另外，恐龙生蛋和孵化需要 3~6 个月的时间，这差不多是鸟类孵化时间的 2 倍，孵化出来之后，小恐龙需要更长的时间才能够长到成体，漫长的生长和发育期也让恐龙在如此严峻的自然灾害面前变得极其脆弱、不堪一击。

也许不是一种灾难，是多种综合的因素让恐龙的灭绝变得顺理成章，而人类的祖先也逐步地从老鼠般的大小成长起来，顺利地从白垩纪进入了古近纪。与此同时，有一部分的鸟类存活了下来，绝大多数鸟类和一些长着羽毛的、鸟类近亲的恐龙已经死亡了，包括所有长有四翼的、像蝙蝠一样的恐龙。还有那些拖着长长尾巴、长着牙齿的原始鸟类也跟随着白垩纪的行星撞击而一同烟消云散。但是与现代鸟类相仿的鸟类存活了下来，这究竟是什么原因，目前尚无定论，但是有一种可能的说法是：宽大的翅膀和强健的胸肌让它们得以快速地逃离那些危险的场所。

那么究竟是这次撞击一下就导致了恐龙的全部灭绝，还是有很多更为深层次的原因呢？为什么有的物种能够躲避这次大的灾难？而有的物种则全部销声匿迹了呢？在地球上，我们已经找到了陨石撞击的痕迹，也证实了这些撞击导致了将近 7 成的物种灭绝，包括大量的哺乳类动物和爬行类动物，而恐龙则在这次撞击中，从巅峰一下子跌落神坛。目前存在着太多不确定的谜题，而对这些问题不断探索的过程，终究会让我们一步步逼近真相，让我们逐渐了解史前那个古老而又神秘的年代！

4 控制寿命的时钟——端粒

大家在电影、电视剧中看到过很多长生不老的神仙，也在现实生活中看到过很多仙风道骨的白胡子老爷爷，大家心里可能会不由得产生疑问：人类的寿命究竟有多长？人类究竟能不能实现长生不老的梦想？

4.1 衰老的谜团

在日常的生活中，大家会注意到一种奇特的现象，有些人虽然年纪很大，但是却显得很年轻，有的人岁数很小，但是却显得老态龙钟。正常情况下，我们的面容和我们的年龄基本上是相符的，即使有些时候出现了一些所谓的“逆生长”的事实，这与心态的年轻、保健方式的多样、化妆手段的提升都有密不可分的关系。从本质上来说，年龄和衰老保持对应的关系依然是符合自然规律的。

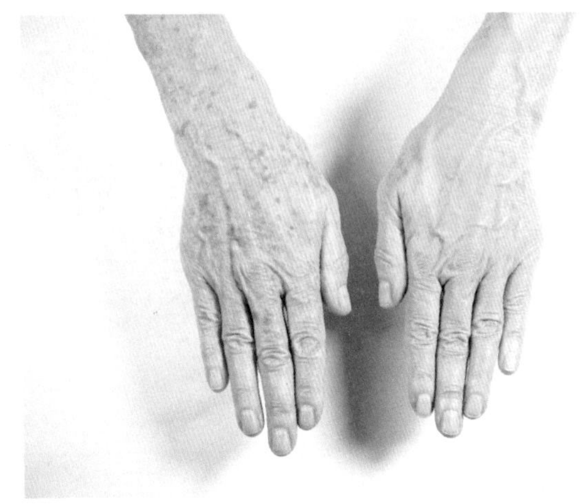

老年斑

从呱呱坠地的孩童到耄耋之年的老者，我们的容颜会逐渐发生变化，会增长些许皱纹，会有白发产生，身体的机能也会发生退化。有的老人还会出现驼背、行动迟缓、言语含糊、记忆力衰退等症状。

衰老是每个人都要经历的必然的过程，在衰老外在的表现中，有一个重要的特点，那就是老年斑的产生。大家可以在老年人的体表看到一块块或一点点黑褐色的沉积，这就是老年斑。它的本质是一种色素的沉积，尤其是在脸庞和手上。

大家不要简单地认为老年斑只是在皮肤的表面产生，其实它在很多器官中都可以沉积，只不过内在的器官我们无法从体表上看到而已。可以这么说，当你的手脚或面部皮肤出现老年斑的时候，这就意味着你体内的器官也已经产生老年斑了。

老年斑的产生和身体机能的退化有直接联系，是身体不能排出或者清扫某些代谢产生的垃圾而导致的。

举个简单的例子，大家就能够明白老年斑的本质。每个人的身体就相当于一个个庭院，每天都有一位清洁工来打扫庭院。当清洁工很年轻的时候，这些垃圾都能够很轻易地被清除，所以我们的皮肤看起来很光洁。但是伴随着这个清洁工逐渐老去，她打扫庭院的能力越来越差，当有一天她无力再去清扫，或者清扫得不干净的时候，垃圾就会不断地在庭院中堆积起来，形成老年斑。老年斑的本质就是我们衰老的标志，说明体内清除垃圾的能力已经减弱了。

那么人类究竟能活到多大岁数呢？综合目前关于人类寿命的三种假说来看，人类的理论寿命应该在 120~150 岁，可是现实生活中能够活到这个岁数的人却寥寥无几，甚至人均寿命只有理论寿命极限的一半。其中的原因究竟有哪些呢？

我们所说的理论寿命是在各种条件都很完善，身体中的细胞没受到任何损伤的前提下才能够达到的。现实中，我们生活的环境中存在着各种各样的对身体有害的因素，例如，化学药品的损害、空气中的雾霾、烟酒的刺激等，都会对人体产生很大的危害。虽然说随着生活水平的提高、医疗条件的完善，人类的平均寿命在大幅提高，但是要达到理论上的极限寿命依旧任重而道远。

然而在现实生活中，还有这样一类人，他们被称为早衰症患者，又叫儿童早老症。他们可能只有几岁，但是看起来就像七八十岁的老人一样，满脸的皱纹，花白的头发，甚至有人还出现了驼背和蹒跚的现象。这究竟是为什么呢？

这些儿童都有一些共同的特点，例如，发育延迟、头发稀少、皮肤老化、头皮血管突出、骨质疏松等，这些都是老年人所具有的特点。

这些孩子尚处在含苞待放的豆蔻年华，为什么会出现衰老的现象呢？是不是身体中控制衰老的机关被无意中打开了呢？

研究表明，这和遗传存在着密切的联系。那些患上早老症的孩子一般很少有人能活过 20 岁，毕竟 20 岁对于五六岁就已经显现出衰老迹象的孩子来说已经是很大的年纪了。曾经有人做过比较，如果患上这种疾病，每过 1 年就相当于正常人过 10 年左右。就像《西游记》中描述的，天上一天，地下一年。早老症儿童的 1 天就相当于正常人的 10 天。

这种遗传疾病的发病率在 800 万分之一到 400 万分之一。对于家族里没有这方面疾病遗传史的人来说，除非发生了基因的变异，基本不用担心这种疾病会发生在自己和孩子的身上。

早老症的出现释放了一个重要的信号，那就是在身体中一定有控制着衰老的信号机关，当这一机关被触发的时候，就开启了衰老的进程。

4.2 细胞能活多久

要了解人类究竟能活多长时间，首先要了解一下组成身体的细胞究竟能活多久，不同的细胞寿命有着天壤之别。

以人体为例，当细胞在没有受到其他损伤的前提下，正常肝细胞的存活时间是几百天；血小板细胞的寿命是 7~14 天；肠黏膜细胞的寿命是 3 天左右；而血液中的中性白细胞可能昨天才出生。于是出现了一种奇特的现象，不同的人体细胞各自具有不同的细胞生命周期。有的细胞

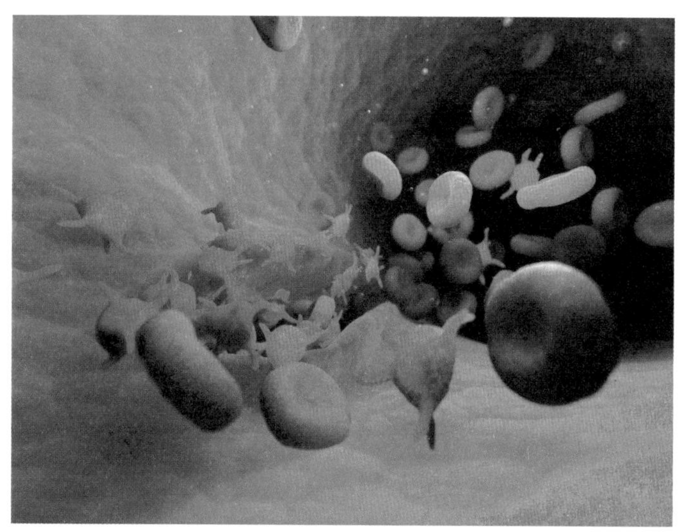

血小板（蓝色）

如味蕾细胞、表皮细胞不断死亡，不断更新换代；而有的细胞如神经细胞却和我们一起慢慢变老。

在日常生活中，有很多细胞衰老和死亡的例子，多到让我们忽视了这些现象的发生。例如，小蝌蚪在成长为青蛙的过程中，尾巴逐渐变短

青蛙逐渐消失的尾巴

并消失，就是通过细胞的死亡实现的。还有人体的某些表皮细胞，如头皮屑、皮肤表皮角质等都属于死亡的细胞，这些物质持续产生，意味着不断地有新细胞出生、有老细胞死亡，间接地说明不同组织的细胞有着各自的寿命。

4.3　生命的时钟

既然人类是有寿命极限的，各种细胞也是有一定寿命的，那么在我们身体中有没有一种物质在背后悄悄掌控着这一切呢?

答案是肯定的，这种被称为生命时钟的结构就是——端粒。

端粒的准确定义是存在于真核细胞线状染色体末端的一小段 DNA 和蛋白质复合体。这样的定义，听起来有点复杂，简单来说，端粒就是染色体末端一小段重复的 DNA 片段，如果把 DNA 比作一条鞋带的话，端粒就是鞋带末端的塑料鞋带扣。它由简单的 DNA 高度重复序列组成，端粒结合蛋白一起构成了特殊的“帽子”结构，作用是保持染色体的完整性和控制细胞分裂周期。DNA 分子每次分裂复制，端粒就缩短一点，

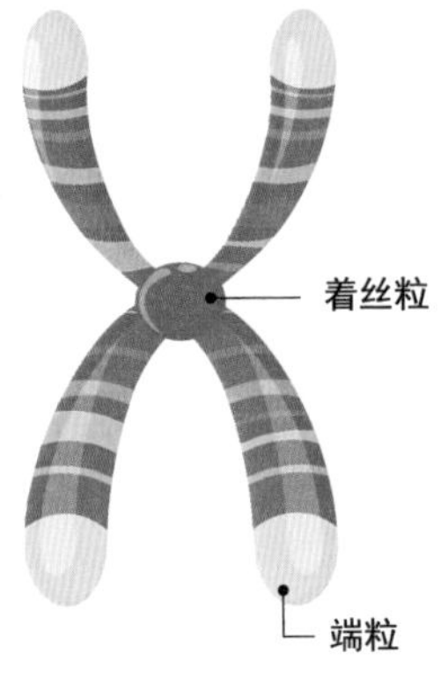

端粒

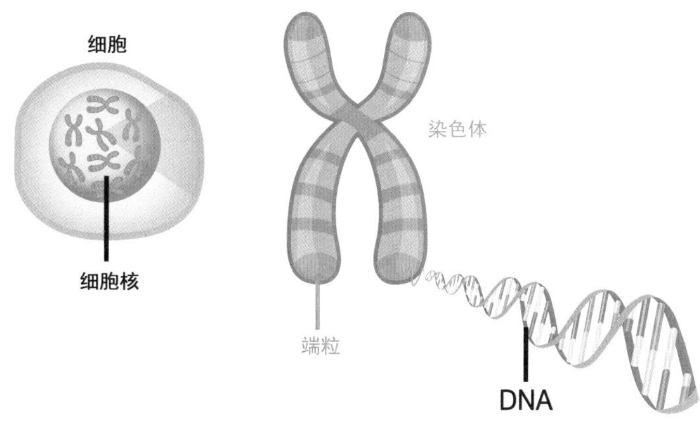

端粒在细胞中的位置

一旦端粒消耗殆尽，细胞便会迈入程序性死亡的过程。

那么端粒最初是如何被发现的呢？1946年诺贝尔生理学或医学奖获得者赫尔曼·约瑟夫·穆勒（Hermann J. Muller）在研究染色体结构的时候，发现了一个奇怪的现象：断裂的染色体末端很容易发生相互之间的黏合，形成各种不同的染色体畸变，而天然的染色体结构却极其稳定。这就说明正常的DNA序列和它末端的一段DNA在性质上有很大的差别，末端的DNA并不具有什么具体的功能，但是它能够起到稳定遗传物质DNA的作用。穆勒还发现，如果末端的DNA减少到一定程度，就会逐渐地失去稳定性，发生解体，细胞也就会走向死亡。

穆勒其实并不清楚，他无意中发现的这段特殊的结构——端粒，正是我们苦苦寻找的“生命时钟”。我们可以把端粒看成DNA的保护套，这个保护套起到了稳定遗传物质的作用，可以防止不同的染色体之间发生黏连，确保这些染色体结构的稳定。

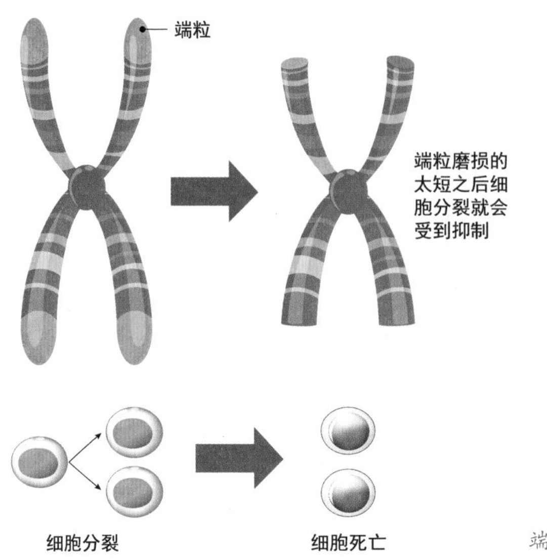

端粒的磨损

细胞每分裂一次，端粒就会出现不同程度的损伤，不同物种的端粒磨损程度是不相同的，由于 DNA 分子复制的机制，DNA 每复制一次，末端就要缩短一点。当它的长度减少到一定程度，细胞就会停止分裂。细胞不能够继续复制，从而进入衰老和死亡的程序中，这也正是端粒被称为生命时钟的原因。

这从一个侧面证实了，生命的长度和端粒的长度是相关的：端粒的长度代表了剩余的生命长度，端粒长则生命就长。但是，端粒如何决定生命的长度，这其中到底有哪些具体的机制，穆勒却并不清楚。

科学家在对早老症患儿的成纤维细胞进行体外培养时，发现他们的端粒磨损的程度要明显高于正常儿童，因此他们的寿命要远远短于同龄的健康孩子，他们的生命时钟的转速要明显快于正常人。这也从一个侧面证实，端粒磨损的速度关系着我们寿命的长短！

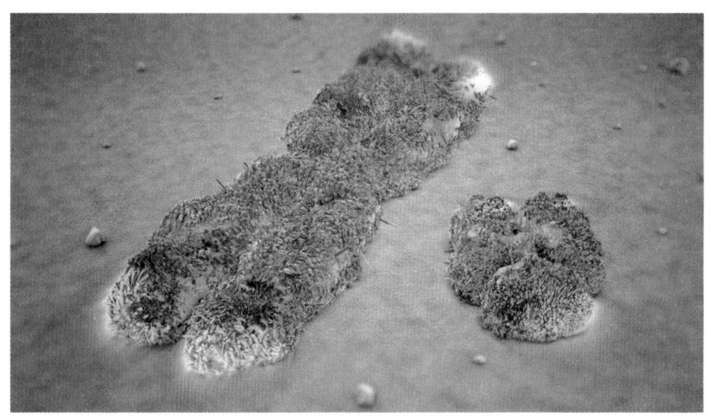

X染色体和Y染色体的端粒

很多遗传性疾病都会影响到人类的寿命。现在，医院会提供很多与遗传有关的疾病检查服务，如孕妈妈们常做的一项产前检查——唐氏筛查。唐氏筛查的主要目的就是分析胎儿患有唐氏综合征风险的高低。唐氏综合征学名为“21号染色体三体综合征”，正常胎儿的第21号染色体是2条，而唐氏综合征患儿体内的第21号染色体是3条。这是一种最早被确定的染色体疾病，一半以上的胎儿会在母体中流产，即使存活下来也会存在寿命短暂、智力低下、发育畸形的情况。

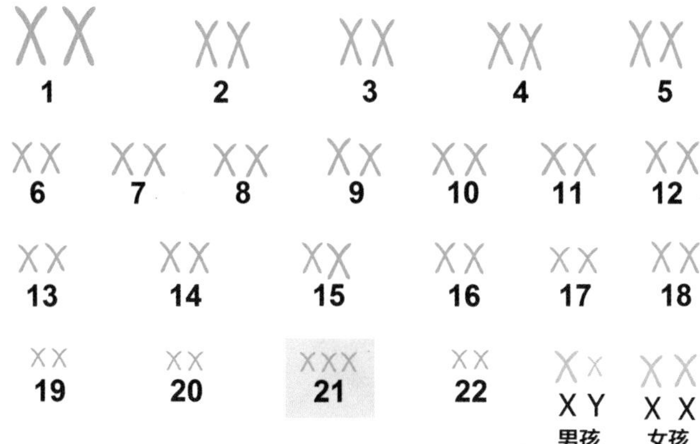

唐氏综合征的核型

4.4 拨慢生命时钟

想办法延缓生命时钟的转速，让它能够转动更长的时间，是我们亟待解决的一件事。一个简单的办法就是将正常衰老的细胞与长生不老的细胞进行比较，了解到底存在什么样的一种机制，让端粒产生变化，是因为缺少了什么样的物质，还是多了什么样的物质，亦或是发生了相应的基因突变？

人类可不可以成为自己生命的主宰，把永生细胞的端粒延长机制引入正常的细胞中呢？

原来，在细胞中有一种酶专门负责端粒的延长，我们将它命名为端粒酶。端粒酶能够以自己的 RNA 为模板，反转录出端粒序列，以补充磨损的端粒，从而保持端粒的原有长度。在正常的细胞中，端粒酶是没有活性的，或检测不到端粒酶的活动迹象。如果说端粒的长度代表了细胞寿命的长短，那么端粒酶就控制着细胞寿命的长短。

大自然的复杂和精密远远超越人类的想象！很多时候，我们自以为已经掌握了大自然的规律，实际上，却往往只是了解到一点皮毛，真正

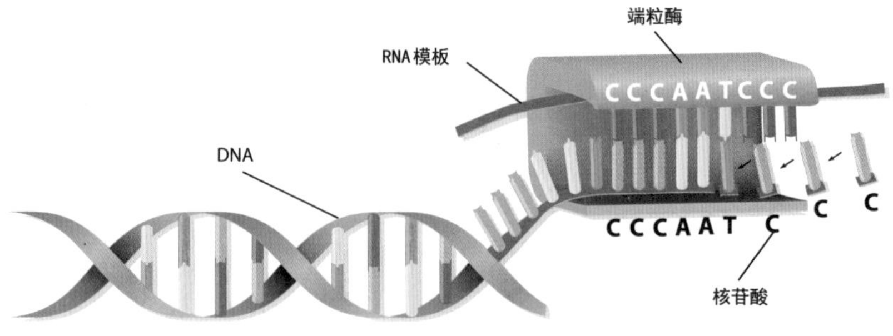

端粒酶的作用机制

的规律仍然是“近在眼前，却远在天边”。

端粒酶被发现以后，人类似乎找到了一把打开生命时钟外壳的螺丝刀，可以用它来拨慢生命时钟的指针。但是，事情远没有想象的那么简单，结果出乎很多人的预料！

2010 年，哈佛大学的肿瘤医生罗纳德·德宾霍（Ronald Debinho）在动物体内进行了大胆尝试，他计划通过激活端粒酶反转录酶，让小鼠“返老还童”。实验起初表现出一定的效果，但是不久很多实验小鼠患上了癌症。

斯坦福大学的研究人员也进行过相关的体外实验，他们将编码 TERT 的 mRNA 改造后送入人体细胞中，发现人体细胞的端粒会快速有效地延长。如果把 TERT 基因导入表皮细胞中，端粒可以延长 1000

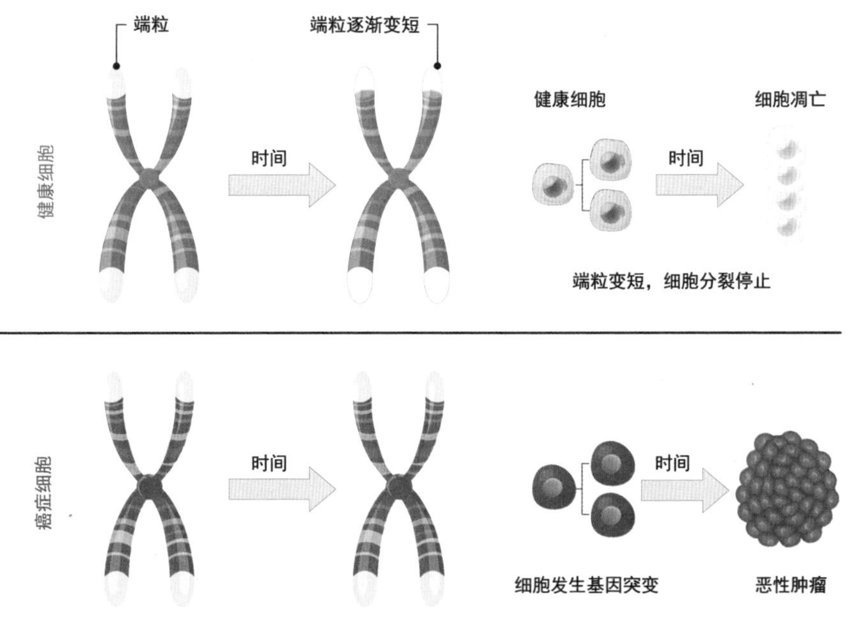

健康细胞与癌症细胞的端粒

个左右的碱基，可以让细胞的复制次数增加 40 次以上。这大大增加了在体外进行药物测试和疾病建模时细胞的可用性，但是相关的人体实验却迟迟没有展开，一方面是考虑到实验的安全性问题；另一方面是担心出现伦理和道德上的风险。

实际上，染色体末端的端粒具有计数器的作用，在人为改变端粒酶的表达方式时，细胞分裂的计数器被扰乱，细胞分裂就会失控，细胞很容易癌变。只有我们可以操纵端粒酶，使它不诱导细胞向着癌细胞的方向发展，才能对延长人类寿命起到积极的作用。

4.5 裸鼹鼠的启示

裸鼹鼠是一种形态极其丑陋的啮齿类动物，看上去就像生化灾难中的变异生物。由于长期生活在地下，裸鼹鼠的眼睛高度退化，几乎丧失了视觉，它的皮肤表面几近无毛，在身体两侧从头到尾长着 40 余根触须，用来辨别方向和寻找猎物。但它却被科学家高度赞誉："它的基因密码可以揭开人类长寿的基因宝盒。"裸鼹鼠的寿命可达 30 年，大概是普通家鼠寿命的 10 倍。30 岁的寿命也许让很多人觉得不以为意，但是如果换算一下，裸鼹鼠的寿命相当于人类活到 500 岁。裸鼹鼠为何能够如此长寿呢?

科学家卡尔·罗德里格斯（Carl Rodriguez）研究发现：裸鼹鼠的细胞因子具有保护体内蛋白质酶的功能。人类在通过酶处理体内存在的垃圾如代谢废物时，自身的蛋白质也会受到相应的损伤，最终导致细胞的死亡，这就相当于日常的生活用品存在磨损一样。裸鼹鼠的细胞因子可

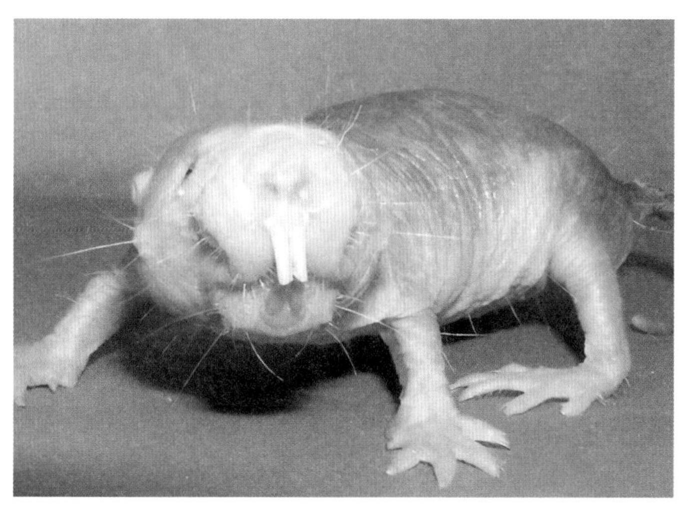

裸鼹鼠

以有效地保护垃圾清扫工具——蛋白酶的活性，这样就延缓了衰老的速度。

另外，裸鼹鼠还有一个值得关注的特点，它从来不会罹患癌症。2013年顶级学术期刊——美国《自然》(*Nature*)杂志上发表了一篇关于裸鼹鼠的研究文章，研究发现在裸鼹鼠体内存在着一种叫作透明质酸的物质，这种物质在细胞表面大量聚集，使得细胞之间的联系变得相对敏感，当细胞接触过于紧密时，透明质酸就会发出指令，让细胞停止分裂，从而阻止了癌细胞的发生。

那么人类可以和裸鼹鼠学习吗？可以寻找到抵抗衰老的秘诀吗？

有人说，体积小的物种衰老得慢，也有人说寒冷地区的人衰老得慢，还有人说经常运动的人衰老得慢……我们不要局限于事物的表象，应该拨开迷雾见天日，只需要看一项最主要的指标——生物体代谢的速度。如果代谢的速度比较快，那么这个物种的寿命便较短；反之，这个物种的寿命便较长。乌龟的长寿，不是因为它的不运动，而是它代谢的速度缓慢。冬眠的动物除了必要的生理活动以外，其他的代谢也基本上处于静止状态。

衰老的速度、寿命的长短不能简单地以运动和静止来衡量，而是应该看代谢的速度。此外，我们还提倡长期、有规律、适度的运动，这也有助于提升人体免疫力，延缓衰老。

有人认为，适当地节食可以延缓衰老，提高人类寿命。科学家做过动物实验，一组小鼠提供充足的食物，另一组小鼠适当地限制饮食。最后，限制饮食的小鼠的整体寿命要比提供充足食物的小鼠长很多。通过解剖，科学家发现，限食的小鼠平均体重要轻 1/4，体内的葡萄糖水平降低，代谢速度也相应减缓。实验证实，在适当范围内降低代谢速度，可以起到延缓衰老的目的。同时，节食应当适度。一些女性过度节食导致患上厌食症，不仅不能变得漂亮，反而因过度消瘦危及生命。那么吃多少算是节食呢？我们可以参照这样一个标准，午餐保持八分饱，不要暴饮暴食，保持适度的饥饿感；晚餐七分饱即可，否则会加重肠胃负担。如此便能够起到节食的效果，而不是一味地不吃饭，整日饥肠辘辘。

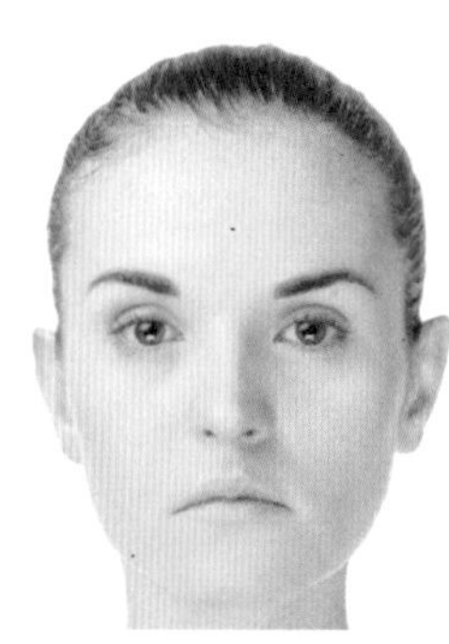
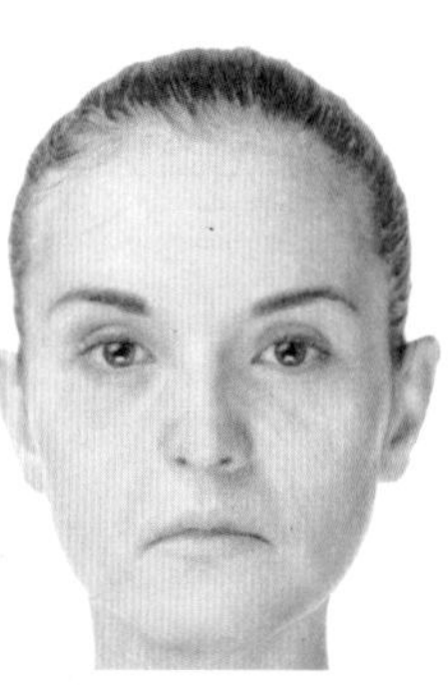
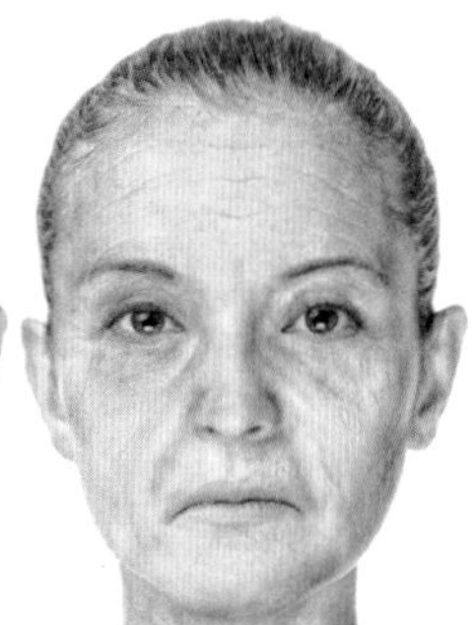

衰老的过程

5 生命的本质——DNA 双螺旋结构的发现

作为 20 世纪最伟大发现的之一，DNA 双螺旋结构的确立成为分子生物学诞生的标志，也让人类进入了分子角度研究生命体的时代。从此以后，分子免疫学、分子遗传学、衰老分子生物学等分支学科如雨后春笋般地诞生，从而加速了生命科学的发展步伐。

DNA 双螺旋结构

5.1 “四核苷酸”假说

组成生物体的主要物质包括糖类、脂类、蛋白质及核酸。在人类并未弄清楚遗传物质的本质之前，这 4 种分子都是潜在的备选项。刚开始的时候，糖类、蛋白质和核酸都是遗传物质有利的竞争者，但是“四核苷酸”假说的提出，让本应该是正确答案的核酸第一个被淘汰出局。这究竟是怎么回事呢？

说到这里，我们首先得介绍一位重要的科学家，这就是被誉为核酸研究之父的列文（Levene）。

1869 年 2 月 25 日，列文出生于立陶宛的萨格尔。4 岁时，他随父母举家移居到俄国的圣彼得堡，在那里他度过了自己的少年时光。中学毕业后，列文进入帝国军事医学院学习，并在 23 岁时获得了博士学位。学习期间，他对生物化学专业产生了浓厚的兴趣。1893 年，列文全家迁往美国，在美国期间他从未间断过在生物化学方面的研究。列文后来到欧洲的波恩大学、慕尼黑大学进修，在进修期间，他结识了很多生物化学研究方面的权威人物。列文跟随柯塞尔（Kossel）学习核酸化学、跟随费歇尔（Fischer）学习糖类化学。经过严谨的科研训练，列文的科研水平得以迅速提高。学成归来的列文在 1905 年被洛克菲勒医学研究所（现在的洛克菲勒大学）聘为助理研究员、化学部主任。列文在这个职位上一直工作到退休。

作为美国科学院院士、美国生物化学学会的创始人，列文一共发表了 700 余篇研究论文，荣获了美国化学会（The American Chemical

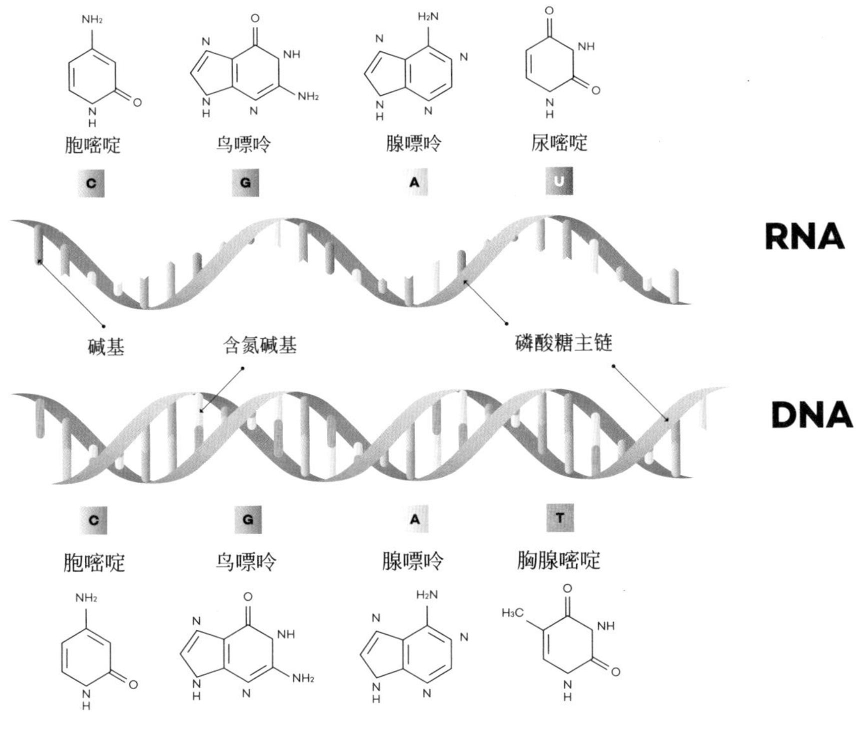

DNA 和 RNA

Society, ACS）的吉布斯奖和纽约地区的尼尔科斯奖章，他在核酸化学领域做出了重要贡献。1868 年，“核素”这一概念被提出来之后，柯塞尔的研究组通过大量的反复的实验，证明核酸是由碱基、磷酸和糖类组成的。当时，将取自胸腺的核酸称为胸腺核酸（DNA）；将取自酵母的核酸称为酵母核酸（RNA）。

1909 年，列文在洛克菲勒医学研究所用酸水解肌苷酸，得到了次黄嘌呤和核糖磷酸；如果改用碱水解肌苷酸，则会得到肌酐和磷酸盐。在此基础上，列文进一步提出了“核苷酸”的概念，并认为核酸是以核苷酸为基本结构单位的。1909 年，列文和雅各布斯（Jacobs）通过水解

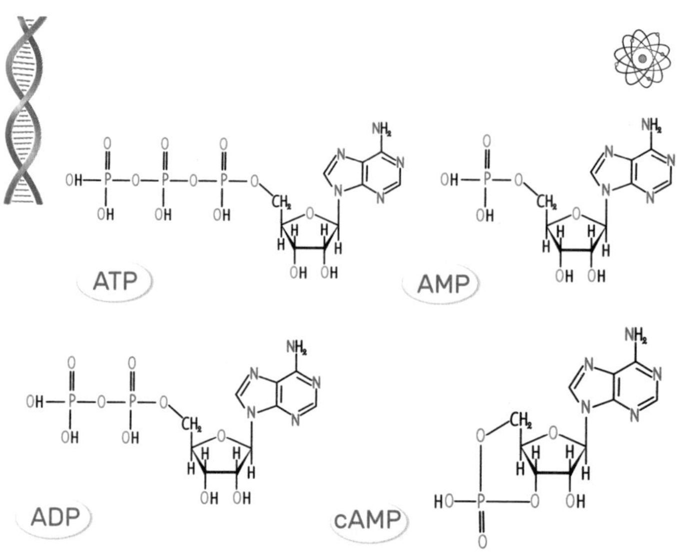

磷酸腺苷核苷酸

酵母核酸得到了肌苷和鸟苷，然后继续在温和的反应条件下水解，得到了一种结晶的五碳糖，首次证明酵母核酸中的五碳糖是 D- 核糖。因此，人们将所有的酵母核酸称为核糖核酸。1929 年，列文继续用酶解的方法来处理胸腺核酸，得到的居然是脱氧核苷，经过短暂的稀酸处理，他获得了 D-2-脱氧核糖的晶体。因为它在酸性环境中极其不稳定，包括柯塞尔在内的多位科学家用酸水解胸腺核酸的方法均无法制得它，所以大家一致认为胸腺核酸的糖是六碳糖，而列文通过自己的研究纠正了这一错误观点。

列文还纠正了另外一个错误观点。因为之前的核糖核酸是从酵母、小麦胚芽等植物体中分离出来的，而脱氧核糖核酸是从动物组织如胸腺中分离出来的，所以人们普遍地将核糖核酸和脱氧核糖核酸分别称为植物核酸和动物核酸。列文的研究证实了这种观点是错误的，不管是核糖

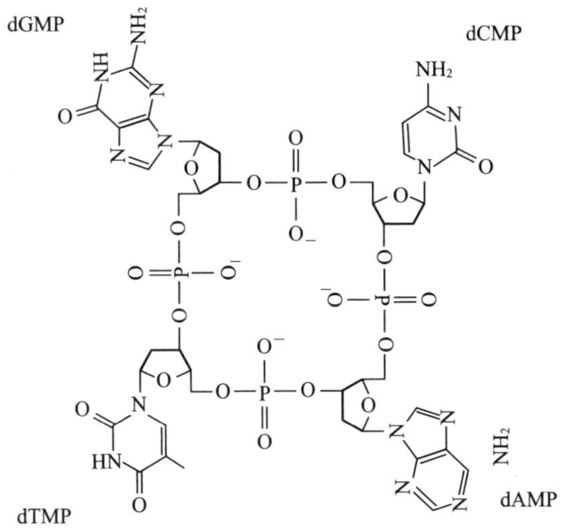

四核苷酸假说模型

核酸还是脱氧核糖核酸，在动物和植物体内都有可能存在。列文的主要贡献包括：首次提出并明确“核苷酸”的概念，科学地区分并命名核糖核酸与脱氧核糖核酸，提出了核酸的化学一级结构，证明了DNA分子具有高分子量。这一系列成就，让列文在核酸化学研究领域拥有了崇高的威望。

列文在核酸化学领域做出了重要贡献，他的很多研究成果被奉为经典。然而他的部分错误观点也对后来的核酸研究产生了重要影响。其中，影响最大的就是四核苷酸假说，这一假说目前已被证明是错误的，但是在当时，却被人们奉为经典，即使在奥斯瓦德·西奥多·埃弗里（Oswald Theodore Avery）的肺炎双球菌转化实验证明DNA是遗传物质之后，还是有相当一部分人认为四核苷酸假说是完全正确的。艾弗里迫于舆论的巨大压力，不得不对自己的实验持“谨慎”的态度。从这一点可以看出，四核苷酸假说的影响力是多么的巨大。那么这一影响深远的假说是怎样被提出来的呢?

20世纪初，人们都是用较强的酸来提取核酸，核酸在强酸环境下很容易分解成短的片段。最初，列文等通过实验测得这些短片段的分子量在1500道尔顿左右，这样的分子量说明核酸是个小分子，并且这个小分子的分子量和四个核苷酸的分子量总和大致相当。又经过仔细的实验，列文发现核酸中四种碱基的含量基本相等。于是，这就顺理成章地形成一种结论，即阻碍核酸研究发展几十年之久的四核苷酸假说：DNA分子是仅含有四个核苷酸的小分子，每种核苷酸的数量大致相同。这一错误观点的最大危害在于，它否定了核酸是大分子物质的客观事实，也排除了核酸成为遗传信息携带者的可能性。因为重复的、过于简单的结构很难在遗传信息的传递中发挥重要作用。

1938年，研究出现了转机，列文和施密特（Schmidt）用超速离心法测出DNA的分子量高达20万~100万道尔顿，而非之前测得的1500道尔顿，这就说明DNA是一种大分子化合物，是具有携带遗传信息潜力的。因为列文对四核苷酸假说深信不疑，所以他仅仅对这一假说进行了些许的修正，再次错过了发现正确理论的机会。列文对四核苷酸假说进行的修改是：DNA分子是由相同的四核苷酸单元聚合而成的高分子化合物。这种简单的聚合物虽然在分子量上达到了大分子化合物的标准，但是因为在结构上过于简单，所以无法成为遗传信息的携带者。

5.2 委屈的查伽夫

在生命科学发展的历史上，美国生物化学家查伽夫（Chargaff）做出了巨大的贡献，然而在现实中，很多人却并不了解他的工作。

查伽夫是第一位站出来反对列文的科学家。他质疑列文的四核苷酸假说的正确性，认为这一假说完全排除了核酸作为遗传信息携带者的可能性。查伽夫受过传统的科学教育，是一位语言上的天才，据他自己描述，他可以熟练地使用15国语言。同时，他也是一位有着鲜明个性的科学家，比如查伽夫常说自己是误打误撞地走入了科学研究的殿堂。他宣称，对于生物化学专业，他始终是一个门外汉，是一个旁观者。在看到艾弗里的研究论文之后，查伽夫决定研究DNA。在一开始，检测和精确测量复合物的方法刚刚出现，查伽夫立刻将这种方法运用在DNA测量上。通过几年时间的持续摸索，1949年他和同事一起发现了一种奇特的现象：四种不同的碱基在DNA中成比例出现，在相同物种的所有组织中，这种比例是恒定的，但是不同物种之间的差距却很大。1950年，查伽夫写了一篇综述，详细地批判了列文的四核苷酸假说，文章中有这么一段话："然而值得注意的是，这不是偶然的，还没法做出结论。就是说在所有测量过的DNA中总嘌呤和总嘧啶的摩尔（即分子对分子）比值，以及总腺嘌呤对总胸腺嘧啶、总鸟嘌呤对总胞嘧啶的比值都很接近于1。"查伽夫将这个结论告诉了前来拜访他的詹姆斯·杜威·沃森（James Dewey Watson）和弗朗西斯·哈里·康普顿·克里克（Francis Harry Compton Crick），无意之中对DNA双螺旋结构的发现起到了推动作用。1952 年 5 月的最后一个星期，查伽夫与沃森和克里克碰了一次面，此时的查伽夫已经是哥伦比亚大学的正教授，而沃森和克里克还是两个不出名的年轻人。查伽夫的想法给沃森和克里克以极大的启示。9 个月后，沃森和克里克构建了 DNA 分子的双螺旋结构，DNA 双螺旋结构模型参考了查伽夫关于碱基 1 ∶ 1 比例关系的设想，一条链上的腺嘌呤总是和另一条链上的胸腺嘧啶配对，鸟嘌呤总是和胞嘧啶配对。查伽夫在他的回忆录中用了三页纸来描述这次会面：“我似乎是错过了令人颤抖的认识历史的时刻：一个改变了生物学脉搏节奏的变化……印象是：一个（克里克）36 岁，他有些生意人的模样，只是在闲谈中偶尔显示出才气；另一个（沃森）24 岁，还没有发育起来，咧着嘴笑，不是腼腆而是狡猾，他没说什么有意义的话。”查伽夫接着写道：“我告诉他们我所知道的一切。如果他们在以前知道配对原则，那么他们就隐瞒了这点。但他们似乎不知道什么，我很惊讶。我提到了我们早期试图把互补关系解释为，假设在核酸链中，腺嘌呤总挨着胸腺嘧啶，胞嘧啶总挨着鸟嘌呤……我相信，DNA 双螺旋结构是我们谈话的结果……1953 年，沃森和克里克发表了他们关于双螺旋的第一篇文章，他们没有感谢我的帮助，并且只引用了我在 1952 年发表的一篇短文章，但没有引用我 1950 年或 1951 年发表的综述，而实际上他们引用这些综述才更自然。”从文字中能够深深地感受到查伽夫的不满。实际上，他直爽的性格让他在沃森和克里克发表 DNA 双螺旋结构后没多久，就直接给克里克写了一封信，责备他们没有适当地引用他的工作。查伽夫一个最大的问题在于：他把 DNA 考虑成单链，而没有考虑分子是双链的可能性。如果没

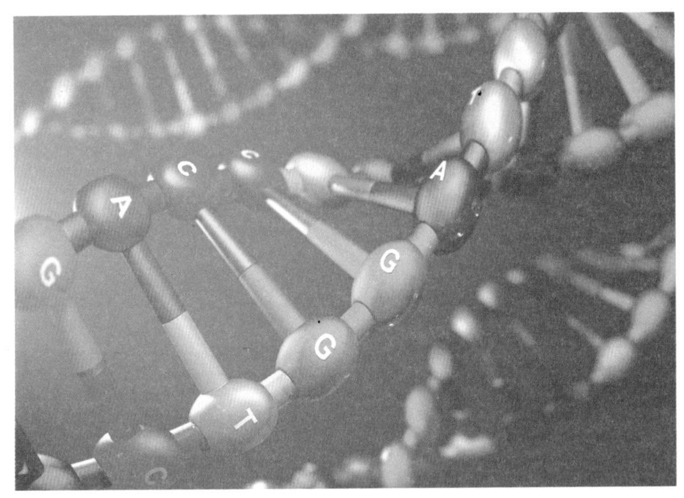

DNA碱基互补配对模型

有双链作为前提，那么即使在知道碱基比例的情况下，也很难构建出这种 DNA 双螺旋的结构模型。

不过，从客观上说，查伽夫在 DNA 双螺旋结构的发现上还是起到了积极的作用。查伽夫最先发现了 DNA 碱基互补配对规则，但是他为什么没有率先发现 DNA 双螺旋结构呢？在查伽夫站出来反对列文的四核苷酸假说的时候，他刚刚发现了碱基互补配对规则，也应该意识到核酸是最重要的遗传物质。因此在 1950 年和 1951 年，他连续发表了两篇综述，分别介绍了四种碱基在生物体组织中的含量，以及在相同组织中碱基的比例。此时，查伽夫还未看到过 DNA 的衍射结构图，当然也就不可能从中看出 DNA 的螺旋结构。在后来研究 DNA 结构的时候，与威尔金斯（Wilkins）、沃森、克里克等不同，查伽夫没有选择他们都心仪的三螺旋结构，而是固执地认为 DNA 应该是单螺旋结构。沿此思路，即使结合碱基互补配对规则，查伽夫也无法构建出正确的 DNA 结构。

如果单螺旋要符合碱基互补配对规则，那么这个单螺旋就要发生小肠绒毛状对折，并形成一个个不规则的弯曲。这显然是不合理的，最后他放弃了这一结构模型。

5.3 结构学派的圣地

卡文迪什实验室是在科学史上有着重要地位的实验室。DNA 双螺旋结构的发现者沃森、克里克以及与 DNA 双螺旋结构发现直接或者间接相关的科学家——威尔金斯、佩鲁茨（Perutz）、威廉·劳伦斯·布拉格（Willian Lawrence Bragg）等都与这里有过交集。

1936 年，化学家佩鲁茨来到剑桥大学，从事血红蛋白晶体 X 射线衍射工作的资料收集，在卡文迪什实验室主任、晶体学奠基人、诺贝尔奖获得者布拉格的帮助下开展工作。布拉格进行理论研究，而佩鲁茨进行实验验证，两人合作，一起研究复杂的分子晶体结构。此时，克里克正在佩鲁茨的领导下进行蛋白质晶体结构的研究。

在卡文迪什实验室，大家对于蛋白质的研究兴趣远高于对核酸的研究兴趣，可能就是受列文四核苷酸假说的影响。沃森在《双螺旋：发现 DNA 结构的故事》一书中写道："我到剑桥以前，克里克只是偶尔想到过 DNA 和它在遗传中的作用。这并不是因为他认为这个问题没有什么趣味，恰恰相反，他舍弃物理学而对生物学发生兴趣的主要原因是，他在 1946 年读了著名理论物理学家埃尔温·薛定谔（Erwin Schrödinger）写的《生命是什么》。"当时，人们普遍认为基因是特殊类型的蛋白质分子。然而艾弗里的实验让人们意识到 DNA 可能是携带遗传信息的载体。

此时的克里克并没有打算研究DNA，毕竟他在这个领域已经工作了两年，并且在卡文迪什实验室，大家对DNA的研究兴趣都不大，同时组建一个新的研究小组也需要两三年时间，所以克里克选择继续研究蛋白质结构。与此同时，生物学家威尔金斯的课题组正在进行DNA结构的研究，这个课题组非常小。威尔金斯对DNA结构的研究并没有抱太大的希望，只是按部就班地开展着工作，完全没有料想到多年之后，自己会因此和沃森、克里克一起获得诺贝尔生理学或医学奖。罗莎琳德·富兰克林（Rosalind Franklin）当时是威尔金斯的助手，两人在工作中经常争吵，威尔金斯甚至动了解雇她的念头，却没有找到合适的理由。生物学家莱纳斯·卡尔·鲍林（Linus Carl Pauling）也在研究DNA结构，他向威尔金斯索要结晶DNA的X射线衍射照片副本，被威尔金斯委婉地回绝了。

1951年，沃森进入卡文迪什实验室进行博士后研究，主要从事肌红蛋白的研究。在这里，他认识了比他大12岁的克里克。这一次相遇，孕育了生物学史上的一次伟大发现。沃森和克里克相处得相当融洽，他们志趣相投，并且两人的研究领域正好互补。克里克在X射线晶体学研究上有着很深的造诣，同时还拥有一定的生物蛋白质学知识。沃森来自著名的学术团队——艾弗里的噬菌体小组，拥有丰富的噬菌体实验工作经验和细菌遗传学研究背景。克里克是一位很有个性的人，可能有些过于自我和狂妄自大，他的性格影响了他与其他人之间的合作，然而沃森却能够包容他的这个缺点，因为他更看重克里克的工作能力和对科学的热情。沃森在《双螺旋：发现DNA结构的故事》一书中提及，克里克虽然从来不知道谦虚，但是自己和他很谈得来，同时他认为克里克是一位在当时就懂得 DNA 比蛋白质更为重要的人。

5.4 最美的 DNA 双螺旋照片

沃森和克里克能够获得 1962 年的诺贝尔生理学或医学奖，与另外一位科学家的功劳密不可分，她就是英国著名生物物理学家罗莎琳德·富兰克林。但是现在人们已经很少提及这位女科学家的贡献了，这是不公平的，也是对历史的不尊重。

1920 年 7 月 25 日，富兰克林出生在英国伦敦的一个犹太家庭中，她的父亲是著名的商业银行家。令人遗憾的是，她在 38 岁时就早早地离开了人世。如果她没有早逝的话，那么 1962 年的诺贝尔生理学或医学奖的获奖名单上就会出现富兰克林的名字。在女性科研地位十分低下的当时，富兰克林能取得这样的成就，付出了比其他男性科学家更多的努力。

罗莎琳德·富兰克林

少年时代的富兰克林对物理、化学产生了浓厚的兴趣，她 18 岁进入英国剑桥大学，21 岁获得了物理化学专业的自然科学学士学位，25 岁获得了剑桥大学博士学位。1947—1950 年，她在罗纳德 · 诺里什（Ronald Norrish）手下从事研究工作。1950 年，她受聘于伦敦大学国王学院，从事蛋白质晶体 X 射线衍射研究。富兰克林任职于伦敦大学国王学院，既是幸运的，也是不幸的。幸运的是，她在这里拍摄出 DNA 晶体 X 射线衍射照片。这张照片促进了沃森和克里克构建出 DNA 双螺旋模型。不幸的是，富兰克林因罹患癌症而离开了人世，这与她长期从事 X 射线衍射工作有着密切的关系。长时间、大量地接触 X 射线使她的身体细胞发生突变，从而引发了癌症。对于富兰克林的评价，不同的人有着不同的看法。

沃森在《双螺旋：发现 DNA 结构的故事》中写道："她学术思想保守、脾气古怪、难以合作、对 DNA 所知甚少。"1975 年，美国作家安妮·塞伊尔（Anne Sayre）出版了《罗莎琳德·富兰克林和 DNA》一书，书中展现了一个正直勇敢、宽宏大量，对科学执着、富有激情的女学者形象。无论评价如何，她对发现 DNA 双螺旋结构的贡献都是无法抹杀的。富兰克林在实验器材和实验样品的处理上下过一番苦功夫。她改进了 X 射线照相机，使其能够捕捉到像针一样细的光束，并找到了更为合适的方法来排列 DNA 的绒毛状纤维。1951 年 11 月 21 日，在伦敦举行的核酸结构学术讨论会上，富兰克林率先展示了一幅 DNA 结构 X 射线衍射照片，这是她拍摄的最清晰的一张照片，她使用的样品是萃取自小牛胸腺的纯 DNA 样品。

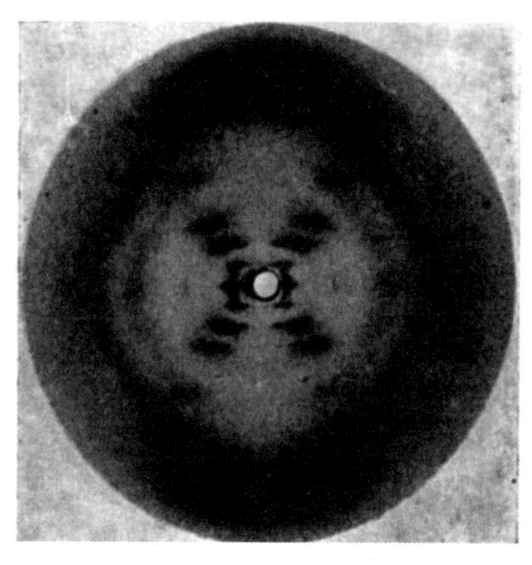

富兰克林拍摄的DNA结构X射线衍射照片

1952年，富兰克林拍摄出了极其清晰的A型和B型两种DNA结构式X射线衍射照片，其中B型的那张照片为日后DNA双螺旋结构的解析提供了实验证据。富兰克林通过不断地改变DNA绒毛纤维周围的空气湿度，使DNA分子在A型和B型之间不断转换。当纤维周围的空气达到75%的相对湿度时，DNA分子就会转变成干燥状态的A形态；当相对湿度上升到95%左右时，DNA分子就会伸长25%，成为B形态。1953年1月，威尔金斯将这张照片展示给了沃森和克里克。沃森在回忆时说道："看到这张照片时，我不禁兴奋地张大了嘴巴，脉搏也剧烈地跳动起来。"

1953年2月24日，富兰克林在研究笔记中记录了DNA分子三螺旋结构的构象，虽然这种三螺旋结构是错误的，但是它已经很接近最终的答案了。3月17日，她完成了关于DNA结构的论文草稿，她推断出DNA每10个碱基为一个周期，距离为34埃，螺旋直径为20埃，这些数据为沃森和克里克提出具体的双螺旋结构模型提供了实验依据。

富兰克林推算出DNA是双链同轴排列的螺旋结构、磷酸根基团和脱氧核糖在螺旋外侧、碱基在螺旋内侧，测定了DNA螺旋体的直径和螺距。1953年年初，DNA分子结构的基本数据已经得到解析，但是尚未形成合理的结构模型。1956年夏天，富兰克林经历了好几次剧烈的疼痛，经检查，她得了卵巢癌。富兰克林在接下来的两年时间里动了三次手术，还尝试着接受了一些实验性的化学疗法。富兰克林于1958年去世，年仅38岁。1962年的诺贝尔生理学或医学奖颁给了沃森、克里克和威尔金斯，以表彰他们在DNA分子研究方面的贡献，因为他们发现了核酸的分子结构及其对遗传信息传递的重要性。因为诺贝尔奖不颁给已经去世的科学家，所以富兰克林没能获此殊荣。2002年，为了纪念她，英国皇家学会特地设立了富兰克林奖章。

5.5 通向生命本质的阶梯

沃森和克里克的合作可以说是生物学史上一个划时代的事件，虽然两人之前的研究领域并没有交集，但是他们之间的合作却碰撞出最耀眼的火花。1953年是生物学史上极有成就的一年，也是分子生物学的诞生之年。从此，人类正式步入分子生物学时代，植物学、动物学、细胞生物学、生物化学等生物学分支学科的科学家们都纷纷展开了分子尺度的研究。沃森和克里克在卡文迪什实验室相识，美国化学家鲍林的儿子彼得和另外一位科学家多诺休（Donohue）也在卡文迪什实验室，两人和沃森、克里克逐渐有了工作上的往来。1952年12月的一次交谈中，彼得告诉沃森，鲍林在给他的一封家信中提到自己已经完成了DNA分子结构的构建。这让沃森感到非常紧张，他和克里克已倾注了多年的心血，如果被抢先发现，那么他们所有的努力都将化为乌有。沃森于是催促彼得给鲍林写信，希望能够获得论文的复印件。不久，论文《一个核酸结构的建议》寄到了剑桥。这个模型结构是错误的，和之前被他们否定的错误模型有几分类似，沃森和克里克都松了一口气。有机分子有多种同分异构体，因此沃森和克里克带着草图去请教化学家多诺休。多诺休指出，草图中的碱基构型的烯醇式应该改为酮式异构体。沃森回忆道："1953 年 2 月 20 日星期五的这一刻，我们彻底明白了碱基在分子内部靠氢键的专一性来配对。"1953 年 4 月 25 日，《自然》杂志发表了沃森和克里克发现 DNA 双螺旋结构的论文。这篇论文并不长，只有薄薄的一页，但是这薄薄的一页纸却改写了生物学的历史，开创了现代分子生物学的研究先河。这篇解读人体遗传物质的论文被称为"人类有史以来伟大的 50 篇论文之一"。

沃森、克里克与双螺旋结构模型

客观地说，沃森和克里克的科研之路也是充满坎坷的。沃森和克里克受到富兰克林那张衍射照片启发，开始着手构建 DNA 的结构模型。他们首先构建的是 DNA 三螺旋结构，也就是三条不同的 DNA 链相互缠绕在一起形成的螺旋模型。富兰克林犀利地指出，他们的模型在结构上有很多缺点，比如结构不稳定、含水量与实际测量结果间存在很大的误差等。因此，这一模型刚面世就宣告失败。这次模型构建的失败，对两人来说都是一次极大的打击，让他俩都有些心灰意冷。在随后半年里，克里克回归到自己的蛋白质课题研究中，沃森也开始继续研究烟草花叶病毒。关于 DNA 结构模型构建的事情就被暂时搁置了起来。1952 年 6 月的一天，克里克在一次茶会上遇到了年轻的数学家约翰·格里菲斯（John Griffith）。格里菲斯告诉克里克，他已经完成了 DNA 中碱基互补吸引配对的计算。这次深入的交谈又一次激起了克里克继续研究 DNA 结构的热情，克里克立刻联系了自己的老搭档沃森。也许是源于对 DNA 结构的痴迷，抑或是对于未知结构探索的渴望，沃森爽快地答应了克里克的邀请。两人再一次联手，开始迎接新一轮的挑战。1952 年 7 月，克里克和沃森拜访了生物化学家查伽夫，查伽夫明确地告诉沃森和克里克，不同种类的碱基在总量上完全符合 1∶1 的比例关系，也就是说四种碱基分别是互补配对的。这意味着两人距发现 DNA 双螺旋结构仅剩最后一层窗户纸了。

1953 年 1 月，沃森再次来到伦敦大学国王学院，拜访了威尔金斯。从威尔金斯的口中，他听到了富兰克林报告的全部内容。而此时的威尔金斯依然偏爱 DNA 三螺旋结构，始终认为这个模型最符合 DNA 的密

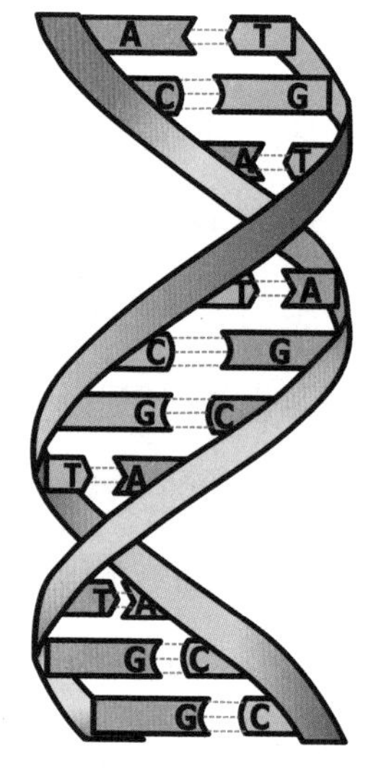

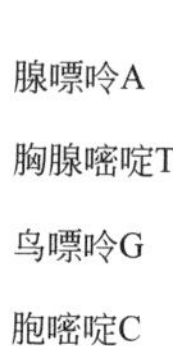

DNA 结构

度值。威尔金斯的研究因此走入了死胡同。在查伽夫规则的影响下，沃森和克里克彻底摒弃了 DNA 三螺旋结构的思路，开始思考双螺旋结构是否更适合。按照双螺旋结构建立模型的过程出乎意料地顺利，双螺旋结构完美地解释了包括稳定性、含水率、衍射图在内的绝大多数问题。因此，这一结构逐渐地获得了沃森和克里克的认可。1953 年春夏之交，沃森和克里克一共写了四篇关于 DNA 结构与功能方面的论文。第一篇顺利地发表在《自然》杂志上。紧随其后，威尔金斯、艾力克・斯托克斯（Alec Stokes）、贺伯特・威尔森（Herbert Wilson）、富兰克林和戈斯林也发表了两篇论文。五个星期后，沃森和克里克又在《自然》杂志上发表了第二篇论文，这次的主题是讨论 DNA 双螺旋的遗传学意义。这两篇文章奠定了他们在分子生物学研究中的鼻祖地位。有人说沃森和克里克发现 DNA 双螺旋结构就像是哥伦布发现了新大陆。其实两者之间存在着极大的不同，生物学研究除了自身的实力之外，还受到其他很多因素的制约，包括实验经费、实验技术、运气等。

6 从直线到三角——生命公式的完善

DNA 双螺旋结构建立之后，人类进入了分子生物学时代。随后，科学家们就开始思考遗传物质是如何将这些蕴含在双螺旋结构中的信息表达出来的呢？它遵循着什么样的法则呢？

6.1 遗传中心法则的发现

DNA 双螺旋结构确立后，生物学家、信息学家

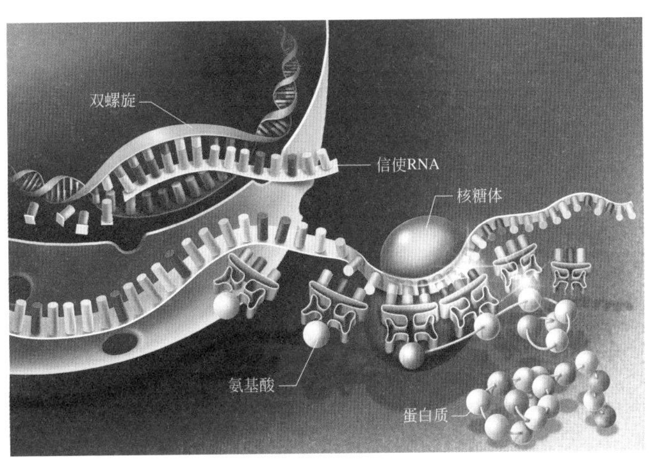

转录和翻译

都在想生物体内是不是像传递情报一样，存在一整套密码系统，通过密码的读取，把遗传的信息解读出来呢？

既然遗传信息是存储在 DNA 上的，生物的性状又是通过蛋白质表现出来的，那么在蛋白质和 DNA 之间一定存在两种联系：第一，在 DNA 的核苷酸链上，碱基的排列顺序就决定了基因的遗传信息；第二，基因携带的信息除了代表一种给定的多肽的一级结构外，不包含其他的信息。那么，在 DNA 和蛋白质之间究竟有没有其他联系的物质，起联系作用的机制又是什么？当时却并不清楚。

1954 年，生化学家乔治·伽莫夫（George Gamow）率先提出了一种遗传密码方案，他认为，在 DNA 的多核苷酸链上存在着一组组以相邻的三个核苷酸碱基作为一种氨基酸编码的密码。这种三联体密码是有重叠的，因此一个氨基酸可能存在几种不同的密码。这是第一种以三联体形式作为遗传密码的解读方案，具有一定的先进性。但是，伽莫夫的这一方案仅仅是理论上的猜测，并没有进行实验验证。

遗传密码

20 世纪 50 年代，在研究 DNA 的同时，还有一部分科学家致力于研究 RNA 和蛋白质之间的编码关系，布拉舍特（Brachet）和卡斯帕森（Caspersson）就提出了 RNA 控制蛋白质合成的观点。但是随后的发现证实，RNA 合成蛋白质是在核糖体上进行的，即使 DNA 在受到酶的破坏之后，依然会有蛋白质的合成。因此，蛋白质的合成是受细胞质中的 RNA 直接控制的，可能遵循着从 DNA 到 RNA 再到蛋白质的过程。

1955 年，克里克发现三联体密码的长度约为 10 埃，而氨基酸分子的长度为 2~3 埃，存在着明显的差异，因此两者之间一定还存在着一些中介物。在不清楚中介物是什么的情况下，克里克提出了适配器学说。这一学说认为：氨基酸并不和模板直接结合，而是首先和一种特异

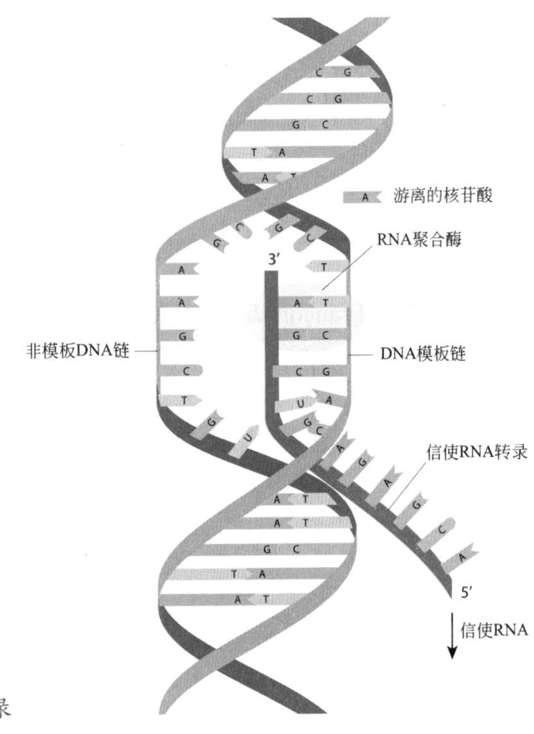

DNA 转录

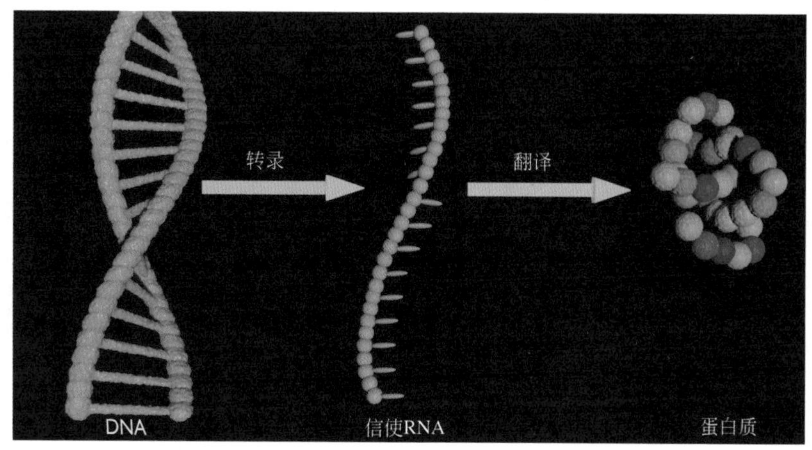

遗传的中心法则

的受体分子结合。这样，模板和氨基酸分子在体积上就能够完全匹配了。

1957 年，美国生物化学家蒂姆·霍格兰（Tim Hoogland）在大鼠的提取液中发现一种 RNA 能够和氨基酸相结合，这一发现证实了克里克的配适器学说是完全正确的。

1958 年，克里克根据实验结果提出了中心法则，认为遗传信息只能从核酸流向蛋白质，传递是单方向进行的。虽然这一观点后来被证实并不完全正确，但是在当时却有着重要的意义。1961 年，弗朗索瓦·雅各布（François Jacob）和莫诺（Monod）把这种能够将遗传信息从 DNA 转移到核糖体上的物质称作“信使”。他们提出每个 DNA 基因的核苷酸顺序都是转录在RNA分子上的，由此确定了RNA的信使作用。

6.2 三联体密码子的确定

1961 年是遗传三联体密码研究取得重要进展的一年。克里克和悉尼·布伦纳（Sydney Brenner）进行了一项重要实验，解决了遗传密码传递信息的问题。他们利用T4噬菌体的γⅡ基因做材料，经原黄素类化学诱变剂处理后，应用移码突变的方法进行验证。实验是这样进行的：在一条多核苷酸链的相邻的两个核苷酸中间，插入一个由核苷酸引起的突变，会使译码过程中读码的起点移位，结果在肽链之间插入一段不正确的氨基酸。

如果在该噬菌体的DNA中再减去一个碱基，或者再加上两个碱基，那么就会让编码蛋白质的结果恢复到原来的样子，不再有突变发生。这说明核酸的密码是以三个核苷酸为一组所组成的。

克里克和布伦纳根据实验得到了三条正确的结论：①信息从基因的一端不重复地连续读出，信息阅读的对错取决于信息的读取起点；②信息的读出以三个核苷酸为一组；③大多数的三联体密码可以决定一个氨基酸的合成，只有少数是没有意义的，因此很多氨基酸都有一个以上的同义码。1961年夏天，美国生物化学家尼伦伯格（Nirenberg）和德国生物学家马太（Matthaei）取得了突破性进展。他们建立了一个无细胞系统，把编码氨基酸的mRNA引入无细胞系统中，用来指导某一种多肽的合成。当他们把全部碱基都是尿嘧啶（U）的多聚尿苷引入后，产生的都是苯丙氨酸，这说明苯丙氨酸的密码是UUU。随后，生物学家塞韦罗·奥乔亚（Severo Ochoa de Albornoz）和同事进行了一系列破解实验，在一年内弄清楚了多种氨基酸的密码子。1964年，生物学家哈尔·葛宾·科拉纳（Har Gobind Khorana）通过一系列双密码子的交替共聚物实验，确定了密码排列的顺序问题。1966年，克里克根据已经取得的成果，排列出遗传密码表。20世纪70年代，比利时肯特大学的

遗传密码表

第1密码子	第2密码子				第3密码子
	U	C	A	G	
U	苯丙氨酸（Phe）	丝氨酸（Ser）	酪氨酸（Tyr）	半胱氨酸（Cys）	U
	苯丙氨酸（Phe）	丝氨酸（Ser）	酪氨酸（Tyr）	半胱氨酸（Cys）	C
	亮氨酸（Leu）	丝氨酸（Ser）	终止密码子	终止密码子	A
	亮氨酸（Leu）	丝氨酸（Ser）	终止密码子	色氨酸（Trp）	G
C	亮氨酸（Leu）	脯氨酸（Pro）	组氨酸（His）	精氨酸（Arg）	U
	亮氨酸（Leu）	脯氨酸（Pro）	组氨酸（His）	精氨酸（Arg）	C
	亮氨酸（Leu）	脯氨酸（Pro）	谷氨酰胺（Gln）	精氨酸（Arg）	A
	亮氨酸（Leu）	脯氨酸（Pro）	谷氨酰胺（Gln）	精氨酸（Arg）	G
A	异亮氨酸（Ile）	苏氨酸（Thr）	天冬酰胺（Asn）	丝氨酸（Ser）	U
	异亮氨酸（Ile）	苏氨酸（Thr）	天冬酰胺（Asn）	丝氨酸（Ser）	C
	异亮氨酸（Ile）	苏氨酸（Thr）	赖氨酸（Lys）	精氨酸（Arg）	A
	甲硫氨酸（met）	苏氨酸（Thr）	赖氨酸（Lys）	精氨酸（Arg）	G
G	缬氨酸（Val）	丙氨酸（Ala）	天冬氨酸（Asp）	甘氨酸（Gly）	U
	缬氨酸（Val）	丙氨酸（Ala）	天冬氨酸（Asp）	甘氨酸（Gly）	C
	缬氨酸（Val）	丙氨酸（Ala）	谷氨酸（Glu）	甘氨酸（Gly）	A
	缬氨酸（Val）	丙氨酸（Ala）	谷氨酸（Glu）	甘氨酸（Gly）	G

三联体密码

菲尔斯（Fiers）等用MS2噬菌体做材料，对三联体密码进行了验证。他们分析了MS2噬菌体外壳蛋白中129个氨基酸的顺序，以及与外壳蛋白对应的390个核苷酸的顺序，其结果完全符合遗传密码表上的对应关系。至此，三联体密码系统正式为人们所认同。到目前为止，三联体密码在整个生物界都是适用的，这也从分子水平上证明了有机体遗传信息传递的重要性。

6.3　RNA 酶的发现

除了中心法则外，“酶”的概念也在不断丰富。长期以来，人们一直认为酶的本质就是蛋白质，RNA 酶的发现宣告了酶的本质不是单一的。RNA 病毒、RNA 反转录酶以及朊病毒的陆续发现表明，在一定条件下 RNA 和蛋白质都可以作为携带遗传信息的载体。

RNA 酶的发现再次证实了生命现象的多样性和复杂性。

中国人对酶的利用已经持续了几千年。早在公元前 21 世纪的夏禹时期，人们就已学会了酿酒；在 3000 年前的周朝，人们已开始制作饴糖和酱；在 2000 多年前的春秋战国时期，人们已经知道用麦曲来治疗消化不良等肠胃疾病。虽然那时候的人并不了解酶的本质，但是酶的利用已经相当广泛。

现代生物化学研究表明，生物的新陈代谢等基本的生命活动都是在酶的催化下通过生物大分子的合成和分解来完成的。生物体中的酶是一种生物催化剂，它通过降低生物的活化能来加速和调节生物体内的生物化学反应。直到 20 世纪，人类才揭示了酶的本质。1926 年，美国化学家詹姆斯・巴彻勒・萨姆纳（James Batcheller Sumner）从刀豆中提取了脲酶并将其结晶，这证明了它具有蛋白质的特性。1930—1936 年，诺思罗普（Northrop）和库尼茨（Kunitz）先后得到了胃蛋白酶、胰蛋白酶和胰凝乳蛋白酶的结晶，并证实它们均属于蛋白质。从此，“酶的本质是蛋白质”成为学术界的共识。为此，萨姆纳和诺思罗普在 1949

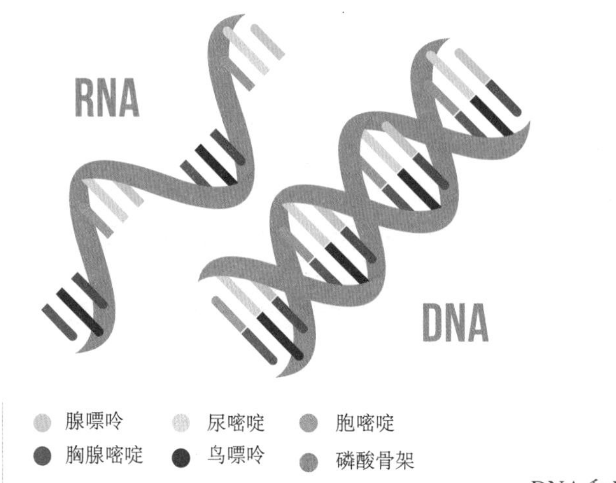

DNA和RNA的区别

年一起获得了诺贝尔化学奖。

虽然绝大多数的生物是以DNA为遗传物质，但一些病毒和噬菌体却是以RNA为遗传信息的载体，这显示了RNA功能的多样性和生命现象的多样性，然而人们似乎很难将RNA的功能与酶联系在一起。

在RNA酶的研究过程中出现了两位重要的科学家。其中一位是美国生物化学家托马斯·罗伯特·切赫 (Thomas Robert Cech)，他从小就对自然科学十分感兴趣。1966年，切赫进入格林内尔学院学习，实验室中的一系列设计、观察和解释训练让他喜欢上了生物化学。1975年切赫获得博士学位，随后前往麻省理工学院进行博士后研究，在帕杜的实验室中，他学到了很多生物学知识，对生物学逐渐产生了浓厚的兴趣。1978年，切赫在科罗拉多大学担任教职。在科罗拉多大学，切赫选择了四膜虫作为研究RNA拼接机制的对象。内含子是核酸链上不编码任何蛋白遗传信息的碱基片段。1986年，切赫在四膜虫rRNA前体中观察到一个有 395 个碱基的线状 RNA 分子组成的内含子，他将其命名为 L19RNA。经过深入研究，切赫发现 L19RNA 具有类似酶的作用，在一定条件下能够像酶一样以高度专一的方式去催化寡聚核糖核苷酸底物的切割或连接，既有核糖核酸酶活性，又有 RNA 聚合酶活性。

另一位重要的科学家是西德尼·奥尔特曼（Sidney Altman）。1939 年 5 月 7 日他出生于加拿大蒙特利尔一个贫穷的移民家庭。最初激发奥尔特曼对科学产生兴趣的是原子弹和元素周期表。大学毕业后，奥尔特曼作为物理学系的研究生来到哥伦比亚大学。从他的专业背景看，似乎

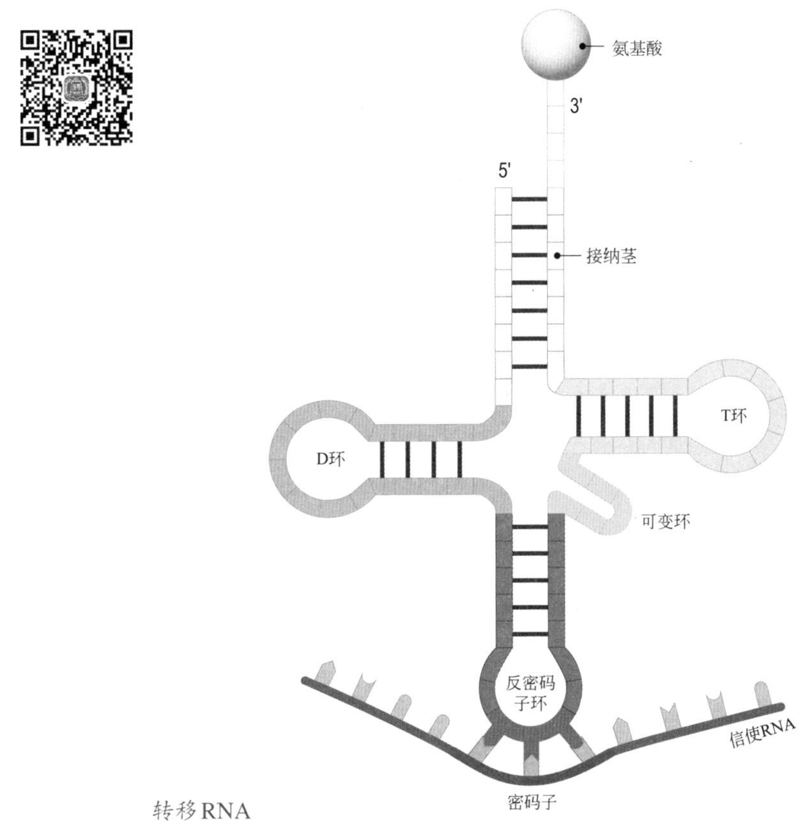

转移RNA

学习物理学更能够发挥他的研究特长，但是物理学家伽莫夫看出了他在生物学上的天分，于是把奥尔特曼推荐给科罗拉多大学从事将染料分子插入 DNA 研究的伦纳德·勒曼 (Lenard Lerman)，从而使他与核酸分子打起了交道。在完成吖啶分子对 T4 噬菌体 DNA 复制影响的研究后，他加入了哈佛大学的梅塞尔森实验室，研究核酸内切酶在 T4DNA 复制和重组中的作用。

1967—1971 年，奥尔特曼在剑桥大学继续从事用大肠杆菌进行 tRNA 合成的研究。他提取到了纯化的 tRNA 的前体——一种生物合成 tRNA 的中间产物。按照生物化学代谢的规律，如果有一个中间产物，那么就意味着存在一种催化生成这种中间产物的酶。据此，他顺利地找到了核糖核酸酶 P，它的功能就是切开 RNA 链上的磷酸二酯键，释放出最终的 tRNA。这种 RNA 酶在反应中不会被消耗，同时能够加速反应，完全符合酶的特性。切赫和奥尔特曼在不同的实验室用不同的实验材料证明了某些 RNA 分子具有生物催化的功能，按照酶的定义，可以称之为 RNA 酶。

RNA 酶的发现意味着酶的本质不一定是蛋白质，从而向酶本质的传统观念提出了挑战。不久，越来越多的具有催化自我剪接功能的 RNA 被发现。到 1989 年，核酸酶终于得到大家的认可并被写进教材。它的发现者切赫和奥尔特曼也因此荣获了 1989 年的诺贝尔化学奖。

随着分子生物学研究的不断深入，RNA 在生命活动中的重要作用将会越来越多地被揭示出来。生命起源一直是科学家们关注的课题，生物体内的 DNA、RNA 和蛋白质等生物大分子，在生物的遗传和生命现象的表达中各司其职、相互配合、缺一不可。然而在生命起源的初期，哪一种生物大分子是最早出现的呢？RNA 酶的发现说明，RNA 在遗传方面的功能更为全面，从携带遗传信息、调节基因表达到催化自我复制，RNA 在某些场合中可以不需要 DNA 和蛋白质而完成自我复制，因此 RNA 是一种可以独立进行生命表达和遗传的大分子。

《科学》(*Science*)杂志在 2000 年 12 月介绍当年的重大科学成就时，把人类基因组工作草图的绘制工作放在了第一位，认为生命可能是源于 RNA 而非 DNA。沃特·吉尔伯特（Walter Gilbert）率先提出了“RNA 世界”假说，他认为在生命起源初期，RNA 已经表现出了 DNA 和蛋白质的某些功能特性，同时 RNA 在生物体的遗传信息等方面还起着承上启下的纽带作用。一些常见的低等生物，如艾滋病病毒、丙型肝炎病毒、埃博拉病毒和烟草花叶病毒等均以 RNA 为遗传信息载体，因此地球上的生命起源很可能是从 RNA 开始的，中心法则中 DNA、RNA 和蛋白

RNA 世界

质等生物大分子的基本分工应该是生物长期演化的结果。

6.4 稳定的三角

对于自然界来说，所有具有遗传物质的动物和植物，都遵守着一条内在的定律——被称为生命公式的中心法则。中心法则是克里克于1958年提出的，最初并没有得到学术界的足够重视。1970年，克里克在《自然》杂志上重申：遗传信息既可以从DNA传递到RNA，再从RNA传递到蛋白质，完成遗传信息的转录和翻译过程，也可以从DNA传递到DNA，完成遗传信息的复制过程，但是不能由蛋白质转移到蛋白质或者核酸中。

朊病毒的发现完善了中心法则。从此，生命公式从原先的直线形式变成了现在的三角形的相互关联的形式。

现在的中心法则呈现闭合的三角关系，顶点之间皆存在着密切的联

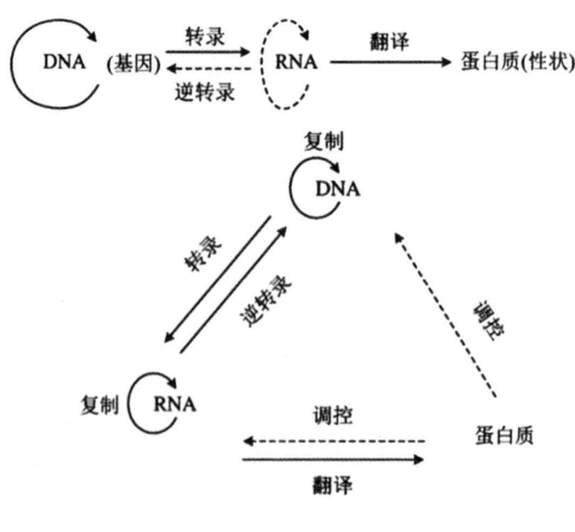

中心法则的完善

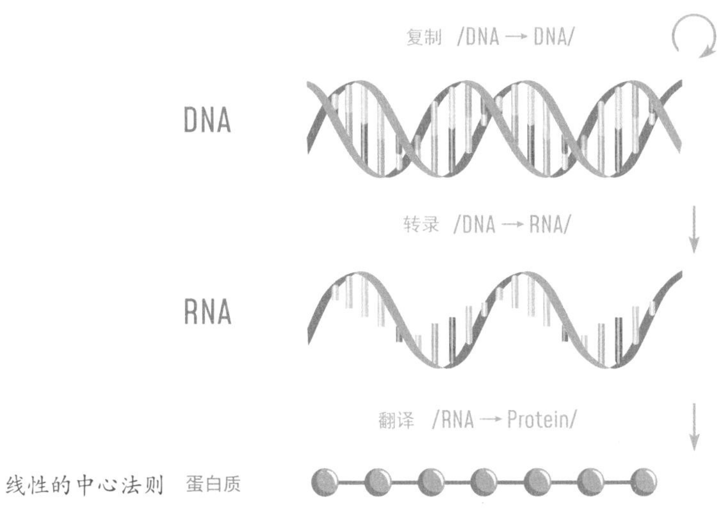

系。在自然界中，三角形结构是较为稳定的，有很强的抗压能力。然而也不能妄言这就是定论，毕竟科学的发展是没有止境的，人类只有在发展中不断地完善已有的学说，才是对待科学应有的严谨态度！

7 盘旋的公路与基因测序

诺贝尔奖获得者杜伯克（Dubbecco）曾说过一句名言：人类的 DNA 序列是人类的真谛，这个世界上发生的一切都与之息息相关。基因的本质是特定的 DNA 片段，因此测定 DNA 序列的重要性不言而喻。要研究 DNA 中蕴含的巨大遗传信息，就必须了解它的核苷酸序列结构，于是人类开始琢磨如何去测定这样复杂的序列。

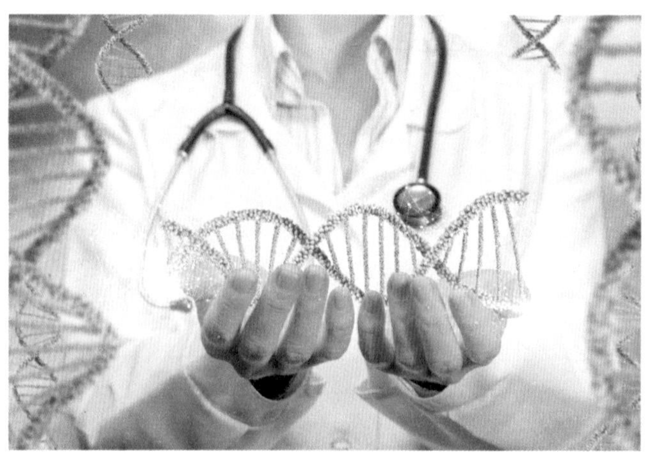

基因的解读

7.1 测序蛋白质和 RNA

早在沃森和克里克的 DNA 双螺旋结构建立之前，学术界尚未认定 DNA 就是遗传物质的载体，反而认为通过测序蛋白质和 RNA 序列可能更快地解密人类的遗传奥秘。当时，科学界对于遗传物质究竟是什么的争论尚未有明确的答案，那么摸清蛋白质和 RNA 的分子中蕴含的遗传信息是研究的当务之急，所以在 DNA 测序技术发明之前，蛋白质和 RNA 的测序技术就已经出现。

最早被测序的核酸分子是丙氨酸 tRNA，这项工作由诺贝尔奖得主美国生物学家罗伯特 · W. 霍利（Robert W. Holley）完成。1922 年，霍利出生在美国伊利诺伊州，他的父母都是教育界人士。1942 年，霍利从伊利诺伊大学毕业，1947 年他在康内尔大学获得有机化学博士学位。他一直对生命现象感兴趣，所以最初选择从事自然产品的有机化学研究。随后他的研究方向逐渐由化学向生物学方面转变，开始研究氨基酸和蛋白质的生物合成，最后他的兴趣集中到了 RNA 分子上，尤其是酵母丙氨酸转移 RNA。在这个看似不起眼的小分子上，霍利倾注了 10

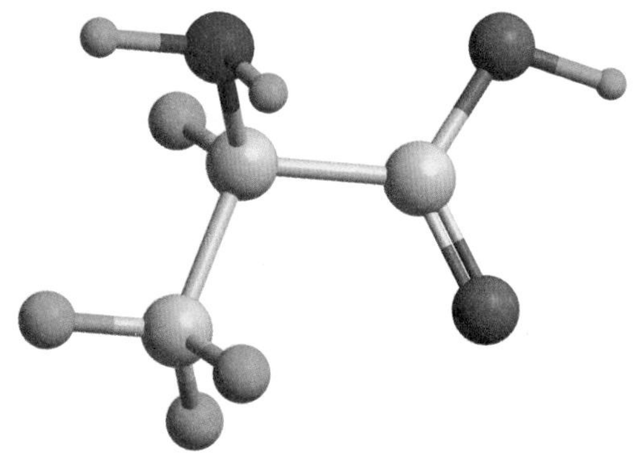

丙氨酸分子结构

年的心血。他先是把丙氨酸转移 RNA 提纯出来，然后研究它的结构，最后对这个分子进行测序。霍利使用的测序思路和弗雷德里克·桑格（Frederick Sanger）测胰岛素的思路一样：先对 RNA 分子进行部分酶切，再用离子交换柱分离 RNA 片段，对小的 RNA 片段进行碱基测序。1965 年他在《科学》杂志发表了关于酵母丙氨酰 -tRNA 序列的 76 个核苷酸的序列测定的文章，就是利用这种技术方法完成的。这一整套的工作为他赢得了 1986 年的诺贝尔生理学或医学奖。

20 世纪 60 年代 RNA 序列测定技术率先发展起来，DNA 测序的最早尝试也是借鉴于此方法，称为小片段重叠法，这种方法也正是霍利研究成果的衍生。

另一位对测序方法产生重大影响的人物是英国科学家桑格，下一节，我们将详细介绍这位科学家。桑格研究小组也对 RNA 测序进行了研究，通过桑格自己偏爱的两项技术——同位素标记和纸层析，他们找到了更快捷的方法。RNA 分子特别适合用 P32 标记，而且双向纸层析比离子交换层析要省力得多。用这种新方法，桑格实验室的 G.G. 布朗利（G. G. Brownlee）测出 120 个碱基的 5S 核糖体 RNA，它是当时被测序的最大的 RNA 分子。对 RNA 进行测序积累起来的相关实验经验，对桑格研究小组随后研究 DNA 测序技术起到了重要的铺垫作用。

由于蛋白质和 RNA 结构较 DNA 结构简单，进行测序的步骤和难度也相对较小，所以蛋白质与 RNA 测序技术成为了 DNA 测序研究的前奏，为 DNA 测序进行先行的探索，并提出了合理的思路，避免了不必要的重复，为 DNA 测序研究奠定了基础。

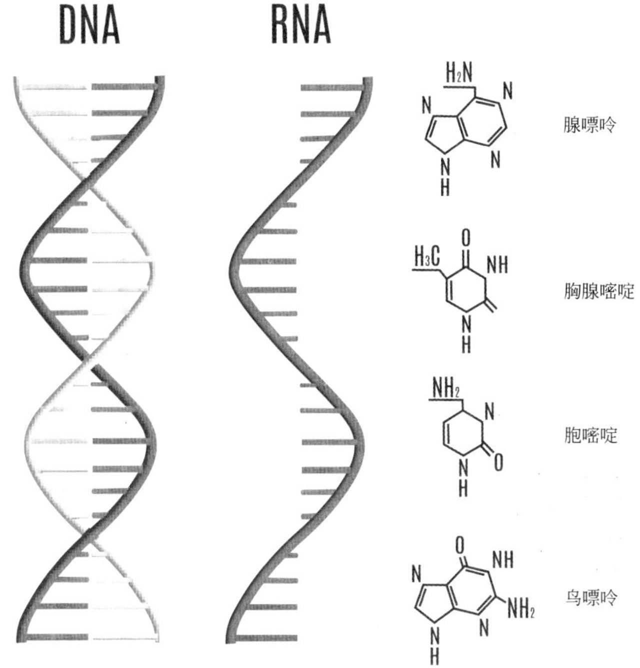

DNA和RNA的区别

7.2 “加减法”与“双脱氧法”

早在20世纪50年代，关于DNA测序技术的研究就已经逐步开始了。包括化学降解法、多聚核糖核苷酸链降解法等，但是由于测定方法不成熟、操作复杂等原因，这些方法并未得到广泛运用。

M. 克莱因（Morris Kilne）曾经说过这样的话：一个人应该有足够敏锐的思想从纷乱的猜测中清理出前人有价值的想法，并且有足够的想象力把这些碎片重新组织起来，从而能够大胆地制订一个宏伟的计划。在DNA测序技术的发展中桑格就扮演了这样一个角色，他完成了最艰难的总结步骤，第一个将DNA测序方法系统化和标准化。

1918 年 8 月 31 日桑格出生在英国格洛斯特郡的一个富足家庭。他在剑桥大学学习时接触到了生物化学，立刻对它产生了浓厚的兴趣，从此他将自己的全部精力都投入其中。1943 年桑格获得剑桥大学的博士学位，到 1951 年他一直在学校继续着生物化学的研究工作。1938 年桑格开始研究胰岛素，他发明了一种方法用来标记 N 端氨基酸，此后，他得到了医学研究理事会的赞助并继续进行研究工作。经过 10 年的不懈努力，桑格在 1955 年测定了牛胰岛素的蛋白结构序列，为今后在实验室合成胰岛素奠定了基础，因此桑格获得了 1958 年的诺贝尔化学奖。

从 1975 年开始，桑格逐渐将自己的精力转移到 DNA 测序的研究上来。他和科学家库尔森（Coulson）一起发明了“加减法”测定 DNA 序列。两年之后，他在研究的基础上，继续改进实验的方法，通过引入双脱氧核苷三磷酸形成双脱氧链终止法，使得 DNA 测序的稳定性得到大幅提升。这种方法通过核酸模板在 DNA 聚合酶、引物、单脱氧核苷三磷酸存在的条件下进行复制，依靠将双脱氧核苷掺入链的末端使之终止或者引入单脱氧核苷使之继续延长。实验结束后可以得到一系列长短不一的片段，长度相邻的片段分别相差一个碱基，通过比较不同的核酸片段，利用放射自显影的技术就可以一次读出不同的碱基排列顺序。这种方法进行测序实验步骤简单，同时误差较小，所以以后很多与之相关的测序技术的改进都是在此基础上进行的，桑格开辟了最行之有效的测序方法。

桑格在加减法测序的基础上继续对 DNA 测序加以改进，1980 年

DNA 测序

他在此方法基础上设计出双脱氧法，这种测定 DNA 序列的方法直到现在还被广泛使用。桑格与沃尔特·吉尔伯特（Walter Gilbert）、保罗·伯格（Paul Berg）共同获得 1980 年的诺贝尔化学奖，他成为第四位两次获此殊荣的科学家，这是科学界对其测序研究成果的肯定，也为日后人类基因组序列的揭秘提供了最快捷的方法。

吉尔伯特用不同的思路对 DNA 测序，同样取得了成功。吉尔伯特 1932 年 3 月 21 日出生在美国波士顿，他的父亲是哈佛大学的经济学家和政府的经济顾问，他的母亲是一位儿童心理学家，总喜欢拿吉尔伯特和他妹妹做试验。在父母的影响下，他和妹妹从小就喜欢阅读。在高中时，他对无机化学产生了兴趣，之后又迷上了核物理学，他经常逃课去国会图书馆翻看相关的书籍。在哈佛大学，吉尔伯特的专业是化学和物理学。在读完一年的研究生后，他转学到了英国剑桥大学，在那里拿到了物理学博士学位。之后他返回哈佛大学发展，两年后成了物理系的助教。在20世纪50年代后期，他开始从事理论物理的教学，不过其兴趣渐渐转到了实验领域。

1960年，沃森等在寻找信使RNA这一把DNA信息传递出去的载体，吉尔伯特也于当年夏天加入这项研究。一条信使RNA的寿命很短，在指导几次蛋白质合成之后就会被降解，降解后的产物被细胞重新利用。这个实验给吉尔伯特的感觉是“抓住了生命活动的一瞬”。

20世纪70年代中期吉尔伯特开始研究快速测定DNA顺序的方法，他们研究出的化学法不需要任何酶，对单链和双链DNA都适用，不受DNA二级结构的干扰，因而被广泛应用于各地实验室。化学法的原理是利用四种不同碱基的特征化学反应除去特定种类的碱基，使链在该处断裂，得到各种长度的同位素标记的片段，在聚丙烯酰胺变性胶上电泳分离，根据长度读出碱基顺序。

吉尔伯特的化学降解法和桑格的双脱氧链终止法成为当时应用广泛

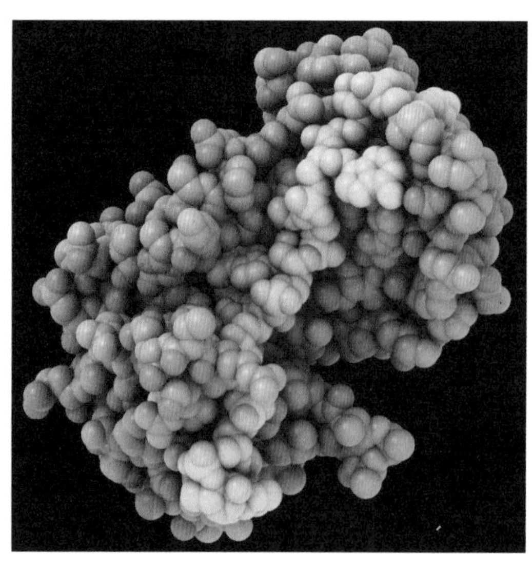

蓝绿色的信使RNA与结合蛋白

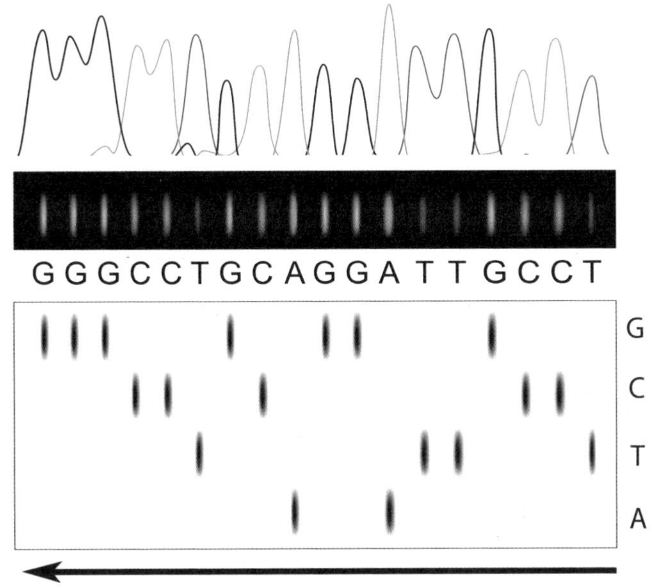

从图形中读出DNA的序列

的 DNA 测序方法，虽然这两种方法在技术和原理上存在很大的差异，但是都生成相互独立的寡核苷酸，这些核苷酸上都带有放射性的标记，通过形成共同的起点，终止于不同的残基，形成了多条不同种长度的寡核苷酸片段。随后对其进行高分辨率的凝胶电泳，将不同的片段分离开来，利用放射自显影技术从胶片上就可以直接读出所需测定的 DNA 的核苷酸序列。

7.3 华人科学家吴瑞

美籍华裔科学家吴瑞教授在测序技术的发展史上也占有一席之地，他提出新的引物延伸的测序序列：先将引物加以定位，然后用此引物来延伸和标记新的DNA。后来桑格的DNA快速测序法和凯利·穆利斯（Kary Banks Mullis）的PCR技术都是以这种测序技术的想法为基础发展起来的。

吴瑞的祖籍是福建省福州市，1928年8月14日生于北京。在家庭环境的熏陶下，他接触到以此为终生职业的生物化学。1948年7月吴瑞跟随母亲来到美国与父亲团聚。抵美后的暑假期间，吴瑞先去加州大学的伯克利分校进修德文，秋季开学后又去阿拉巴马大学插班上四年级。他读书用功，学习成绩很优秀。1950年他获得化学学士学位后，随即进入宾夕法尼亚大学研究院的生物化学系，攻读导师威尔逊教授（D.W.Wilson）的博士学位，并于1955年获得了博士学位。接着他在Damon Runyon癌症研究基金会的资助下，来到美国东海岸的纽约市公共卫生研究所，开始进行博士后研究。短短几年内他已在有关领域发表了近20篇论文，并在博士后期满便成为该所的正式雇员。

1967年吴瑞和其领导的科研小组对DNA测序技术展开全面的研究，他利用天然存在的引物模板系统——大肠杆菌的λ噬菌体DNA的黏性末端作为引物，对黏性末端的DNA序列做了深入的研究，功夫不负有心人，他们历经3年多的潜心探索，于1970年在世界上首次成功地对λ噬菌体DNA的序列进行了解读，也成功解决了以前人们认为无法解决的技术难题。他们的研究成果发表在1971年5月的《分子生物学杂志》上，他的开创性工作也创立了能定位的引物延伸的方法，这促进了分子测序技术的发展。

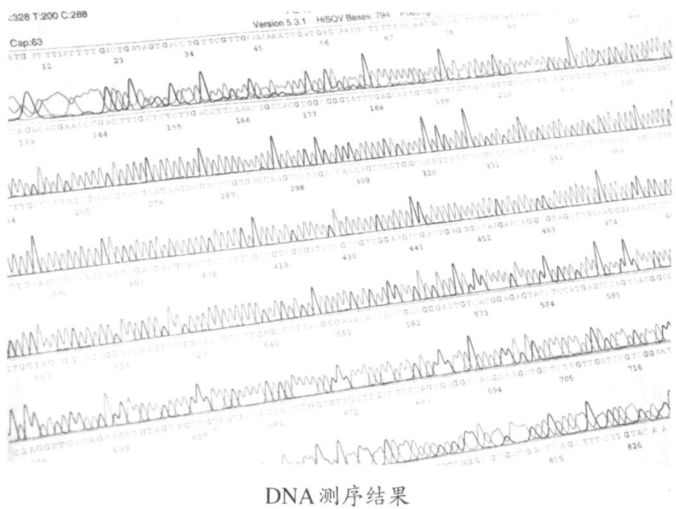

DNA测序结果

吴瑞创建的能定位的引物延伸法进行DNA核苷酸顺序测定成功后，引起了科学界的重视。1973年桑格沿用这一方法的思路，改进了用聚丙烯酰胺凝胶电泳系统对标记的DNA进行分析的技术，于1975年建立了DNA测序的“加减法”，其中的“减法”主要是利用吴瑞的方法，1977年桑格又在“加减法”的基础上发展出“双脱氧法”，这种测序方法速度更快、更便利，并成为当今DNA分析的主要方法，因此他获得1980年的诺贝尔化学奖。不仅如此，穆利斯采用此引物延伸的方法后，于1985年发明了聚合酶链式反应（Polymerase Ohain Reaotion, PCR）技术，该技术可以在试管中快速获得数百万个特异DNA序列的拷贝，成为当今分子生物学中最有用的技术之一。因此，一些科学家称吴瑞教授为“诺贝尔级科学家”。

诺伯特·维纳（Norbert Wiener）在《控制论》中曾经有过这样的名言：到科学地图上的空白地区去做适当的勘察工作，只能由这样一群科学家来完成，他们每个人都是自己领域中的专家，并且对其邻近的领域都掌握了十分正确和熟练的知识。可以说 DNA 测序技术的建立就是一群科学家协同努力的结果，他们的工作相互联系，互相提供思路，互相借鉴，使得 DNA 测序技术的发展发生了重大的突破，大量的基因序列信息的解读，加快了分子生物学的发展。

7.4 盘旋的公路与 PCR 技术

近期面对新型冠状病毒奥密克戎毒株的肆虐，大家对于核酸检测技术已经不再陌生，但对于检测所使用的反转录聚合酶链式反应（reverse transcription PCR, RT-PCR）技术的诞生可能并没有太多的了解。

PCR 技术是一种在生物体外用于扩增特定 DNA 片段的分子生物学技术，该技术自 20 世纪 80 年代问世后，在生物学、医学和法学等领域得到广泛应用，发挥了极其重要的作用。

印度裔美国科学家科拉纳早在 20 世纪 50 年代就已经合成了寡聚核苷酸。他利用体外合成的寡聚核苷酸合成酶以及 DNA 进行扩增，这一技术在当时被同行广泛使用，但是这项技术不能够严格地控制温度，对 DNA 聚合酶活性的影响强烈，所以仅能合成少量 DNA, 同时扩增率很低。根据自身多年的实验情况，科拉纳当时提出了两个重要的观点：一个是 DNA 暂且不能定序，另一个就是寡聚核苷酸体外合成相当困难。这种方法并没有明确地提出解聚再复合的观点，也并未弄清整个聚合的过程，直到 1971 年左右科拉纳又提出了核酸进行体外扩增的新想法，他认为可以通过 DNA 的变性，与合适的引物进行杂交，然后用 DNA 聚合酶来延伸引物，同时通过不停地循环进行该过程来扩增 DNA。这种想法提出了一个大胆的假设，那就是在体外实现体内的生物学复制反应，但是当时尚未有相关的实验手段可以借鉴；同时更为重要的是具有较强稳定性的 DNA 聚合酶并没有被发现，因为在循环的过程中必须要升温到几十摄氏度的高温才能促成 DNA 的解聚，在这种温度条件下，

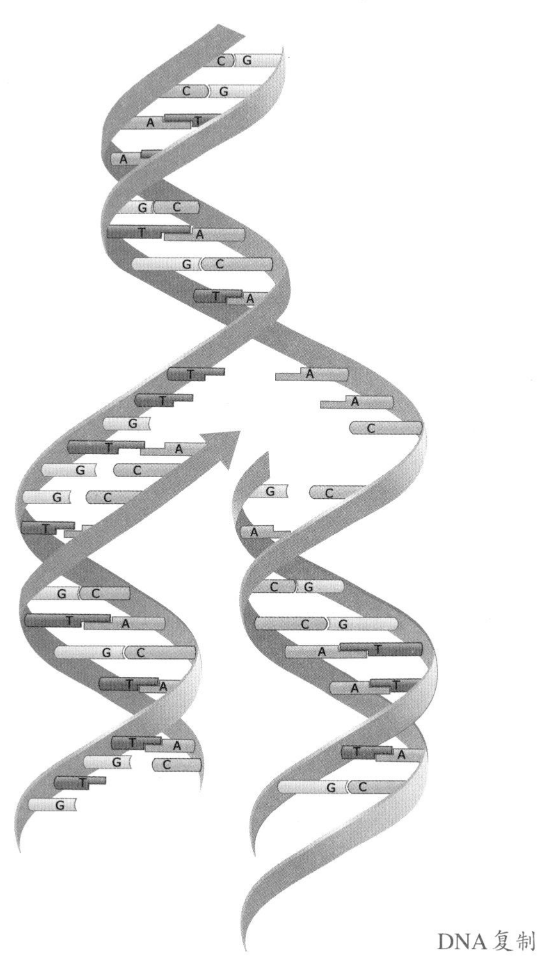

DNA 复制

非耐高温的DNA聚合酶都会变性失效，达不到聚合的目的；同时测序技术不成熟，合成适当的引物又相当困难，因此体外DNA的合成仍处在手工、半自动合成的阶段。所以这种思路仅仅是一种大胆的想法，并不能付诸实践。因为在实验中要经历几次高温，而在正常情况下，聚合酶的活性在高温下都将失活，不能继续下一次的反应，所以这个方案一直被搁置。

取得突破性进展的是美国生物学家凯利·穆利斯（Kary Mullis），1944年12月他出生在美国北卡罗来纳州南岭山附近一个偏僻的农村中，从小对生活中的事物充满着好奇心并且乐在其中。穆利斯的爸爸晚上带着穆利斯坐在厨房中，一边喝着啤酒一边告诉他当代加利福尼亚州的一些故事。父亲离世后，穆利斯还经常自斟自饮，思考问题。穆利斯的高中生活是在哥伦比亚度过的，在佐治亚工业学院化学系工作的时候他学到了很多有用的实验技术及数学、物理和化学知识。1966年穆利斯和妻子一起来到加州大学的伯克利分校，并在1972年获得加州大学伯克利分校生物化学博士学位。

1979年穆利斯进入西斯特公司，从事DNA的合成工作。穆利斯个性独特、不善合作，他在实验室里虽然与其他人常有矛盾，但是在生物实验方面的天赋还是得到大家的认可。1983年的4月到5月，穆利斯一边在盘旋的公路上开车，一边在思考着如何解决这种体外复制难的问题，盘旋的公路和DNA双螺旋的相似性突然让他想到一种在体外复制DNA的方法模型，于是他开始进行资料的收集和整理，这是一块相对空白的领域，他决定并着手进行相关的实验。经过近3个月的准备，

1983年8月穆利斯在西斯特公司做了关于PCR技术有关的学术报告，但是没有人能够相信，这种在体内复杂环境和相应的酶催化环境下进行的精密反应体系能够在体外实现复制，这虽然让穆利斯感到沮丧，但是他认为这种想法必须经过尝试。

1983年9月，穆利斯和相关的几个实验员利用人体DNA做模板，抱着试试看的心态进行了世界上第一次的PCR实验，编号为PCR01，但是和很多人预想的一样，实验并没有成功。1983年10月他继续进行第二次实验，编号为PCR02，仍然没有成功。现在看来，实验的失败是多种因素造成的，包括选用的模板、实验室的温度、复制的环境、催化酶的活性等。1983年圣诞节前后，穆利斯又一次进行了PCR实验，改用了模板相对简单的pBR322质粒，随后又使用了噬菌体作为模板，实验结果有所改观但是仍不理想。1984年1月，穆利斯用自己合成的长寡聚核苷酸作为模板，扩增人的β珠蛋白基因的58个碱基对，实验终于取得了重大突破。西斯特公司决定让穆利斯成立独立的PCR实验研究小组，专门进行PCR技术的开发任务。

1984年11月15日，PCR实验终于获得了成功，1985年3月28日，西斯特公司申请了有关PCR的第一个专利。同年9月20日，一篇关于PCR技术应用的文章投稿到《科学》杂志，并在11月15日被接收发表。1986年5月，穆利斯应邀在冷泉港实验室举行的“人类分子生物学专题研讨会”上介绍了PCR技术，使得这项技术逐步走入公众视野。1991年霍夫曼-拉夫什公司出资3亿美元购买PCR技术，两年后穆利斯因为发明PCR技术而获得诺贝尔化学奖。

PCR仪

穆利斯设定的PCR条件包括温度、循环次数和扩增时间。温度与扩增时间是基于PCR反应的基本原理：变性到退火再到延伸的三个步骤而设置3个温度点。循环次数设置相对简单，但也是容易为人所忽略的一个步骤，标准的循环次数一般设置为25次，对于复杂模板如基因组DNA，循环次数必须进行摸索，有时增减一个循环次数就会导致整个实验结果的偏差。

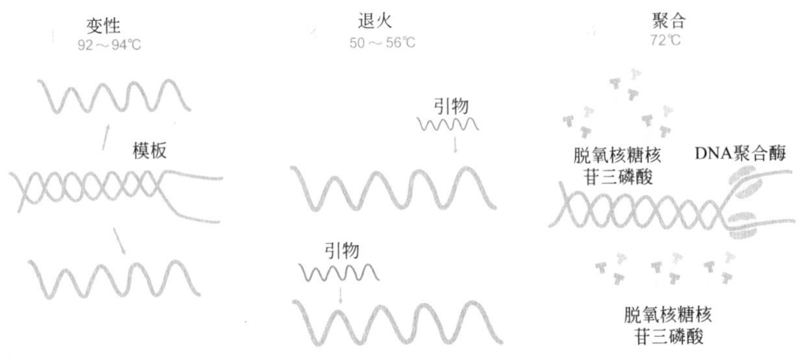

PCR的原理

7.5 温泉中的耐热聚合酶

PCR 技术的发明是一个重大的突破，但是仍然不能被广泛地应用，最主要的原因是 DNA 聚合酶在多次的解聚、聚合的过程中活性变弱，同时聚合酶昂贵的价格也导致这种技术不能够广泛地普及使用。实验伊始，因为实验的操作性复杂、成本高昂、可重复性不稳定等因素促使它成为“被搁浅的革新”，PCR 技术改进研究也处于停滞的状态。其中最主要的原因是缺少可以耐高温的 DNA 聚合酶，每次实验一经过升温的步骤，DNA 聚合酶就会失效导致下一步的扩增率非常低，甚至达不到扩增的效果。所以只能采取每循环一次便添加新的聚合酶的办法，这种半自动的扩增方法费时费力且效果并不明显，因为在每次新添加酶的时候并不能很好地控制实验的环境温度。

直到 1988 年年初，美国科学家基奥哈诺（Keohanog）通过对所使用的酶的改进，显著提高了扩增的效果，使得扩增的循环次数逐步上升，这样扩增后的样本数量也大大增加。随后，日本科学家佐伯（Saiki）等

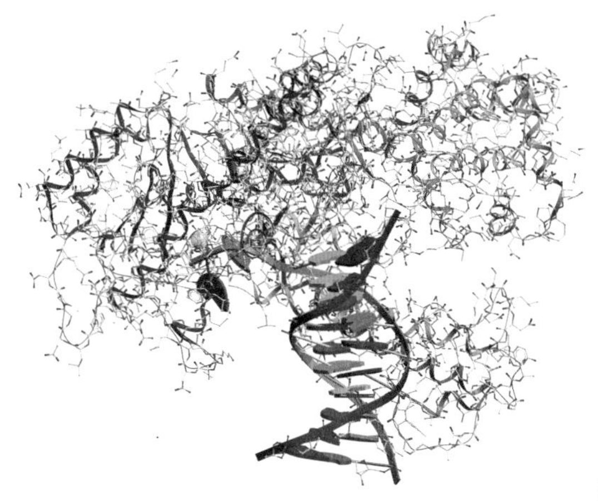

DNA 聚合酶

从生活在温泉中的水生嗜热杆菌体内提取到一种耐热的 DNA 聚合酶，使得 PCR 技术的扩增效率大大提高。这种酶的发现，让 DNA 聚合酶在扩增的聚合步骤时不会失活，从而可以重复循环，达到提高自动扩增循环次数的功能，改变了原先半自动合成的现状，同时合成的次数也逐步上升。正是这种 DNA 聚合酶的发现使得 PCR 技术得到了广泛的应用，使该技术成为遗传与分子生物学分析的基石。

在 PCR 技术最终成熟之前，中国科学家钱嘉韵做出了不可磨灭的贡献。可以说她是将这种技术变为现实、踢出“临门一脚”的真正射手，她在研究中发现并成功地分离了耐高温的 DNA 聚合酶，而这种酶是 PCR 实现自动化的不可或缺的条件。钱嘉韵是出生在我国台湾省的一名科学家，1973 年她就读于美国俄亥俄州辛辛那提大学生物系，她的导师对黄石国家公园中温泉里的嗜热菌有着浓厚的研究兴趣，于是钱嘉韵在导师的建议下便开始了相关的学术研究。终于她不负众望，从这种嗜热菌中分离和提取了耐高温的 DNA 聚合酶，并于 1976 年在《细菌学杂志》上以第一作者的身份发表了相关的学术论文，得到科学界的广泛认可。很多公司的工作人员按照钱嘉韵论文中的实验操作步骤，也成功地分离了 DNA 聚合酶，使得 PCR 技术能够真正地实现自动、高效的复制。

1989 年美国《科学》杂志将 PCR 技术列为 10 余项重大科学发明之首，并将 1989 年誉为“PCR 爆炸年”。诺贝尔颁奖委员会认可了这项技术，并且在 1993 年将诺贝尔化学奖颁给了穆利斯，并且在颁奖词中宣称：PCR 技术是一项分析 DNA 应用中最为广泛的技术，它可以将独

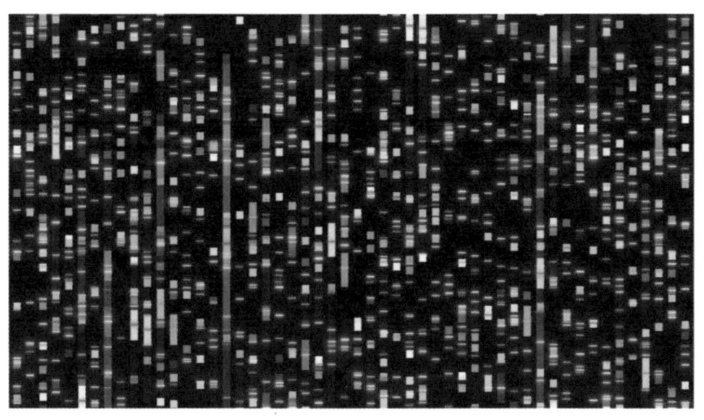

基因DNA测序系谱分析可视化

立的遗传物质DNA片段在试管中复制数百万次，两个寡聚核苷酸通过正确结合能够成为可复制的物质，通过控制温度和酶形成新的寡聚核苷酸片段。通过不停地解聚、复合、解聚这样的循环往复的过程，在短短几小时的时间里可以让DNA的量增加上百万倍，这个过程是相当简单的，这一理论仅仅需要试管、热源及部分酶，即便现在商业上的PCR仪器需要很高的精确度，这一方法都是适用的。

总之，PCR技术的迅速发展拓宽了基础研究的前景，使基因克隆和测序变得简单起来。这项技术使得定点突变技术变得更加有效，同时PCR技术的发明，通过DNA的测序可以看清物种之间内在的进化顺序，对植物和动物分类学可能有重要的指导意义。伴随着测序技术和PCR技术的日益发展，生物体DNA片段中蕴藏的大量信息被逐步解码出来，形成庞大的数据链，生物信息学在这种条件下应运而生，它是实验中衍生出来的一种行之有效的处理技术，它与测序技术相辅相成，互为补充，成为后基因组时代对生物体发育、代谢、疾病发生等一系列重大问题研究的突破口。

8 上帝之手——基因编辑

2020年10月7日，瑞典皇家科学院秘书长戈兰·汉森（Göran K. Hansson）教授宣布将诺贝尔化学奖授予美国化学家詹妮弗·杜德娜（Jennifer A. Doudna）和法国生物化学家埃马纽埃尔·卡彭蒂耶（Emmanuelle Charpentier），以奖励她们“开发了一种基因编辑的方法”。这项神秘的技术才逐步进入我们的视野。

什么是基因编辑技术呢？基因编辑技术是对生物

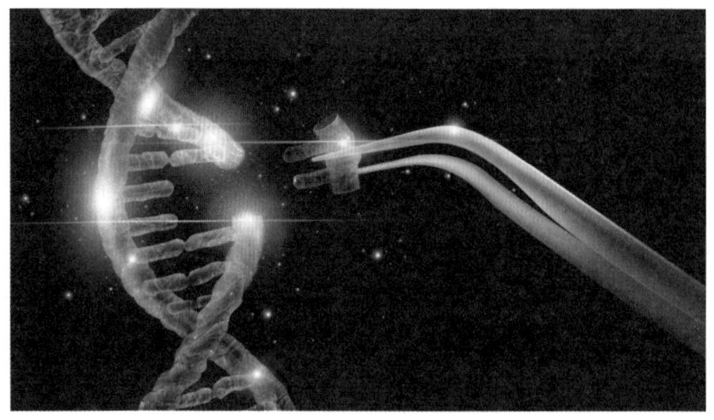

基因编辑

体基因的特定位点进行精确修饰的技术，可以通过基因片段的替换、引入、敲除，达到改变生物体某一特性的作用。

8.1 给基因动手术

上面的说法可能听起来有点陌生，或者觉得替换、引入、敲除这样的字眼显得过于学术化了。下面我们先简单地介绍一下，为何要给基因动手术呢？在正常的状态下，我们体内的基因各司其职，各自负责生产不同的蛋白质来满足不同的生理要求和生活需求，但是有的时候，有些基因会发生一些突变，就仿佛基因生病了一样，生产出了不合格的蛋白质或者生产出来的蛋白质没有办法发挥自己的作用，因此就会引发一系列的疾病。这个时候，我们就需要对基因进行一次微观手术，对失效的部位进行切除、更换或者修补，就这么简单。

但是面对如此微小的结构，即使我们知道了操作的原理，但是实施起来依然犹如上天揽月般困难重重。

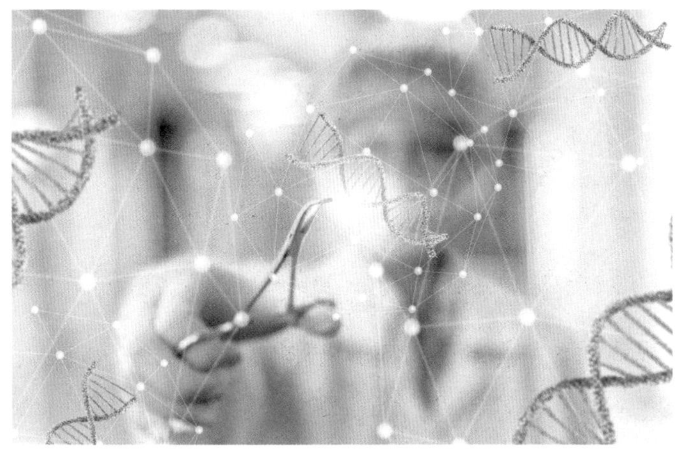

给基因动手术

8.2 找寻 GPS、剪刀和针线

在了解完为何要进行基因编辑之后，下一步就是我们该如何来进行基因编辑。简单地说，我们要做这样的三件事：在活体细胞中找到一个特定的基因位点，再用剪刀将其剪下并把目标基因替换上去，最后用“针线”将这段基因和两边“邻居”基因位点牢牢缝补在一起。这样的过程听起来非常简单，但是寻找到合适的基因位点、用剪刀把目标基因裁剪下来、替换上新的基因进行缝合，哪一个步骤都难于登天。

要真正实现对基因的编辑，我们首先要找到要修改的目标基因组序列，这就需要一个精准的微小的 GPS 定位系统。1969 年，美国生物化学家罗伯特·里德（Robert Roeder）首次在真核生物中发现了三种不同功能的 RNA 聚合酶，它们是三种能以 DNA 为模板转录出 RNA 单链的蛋白质。1980 年，里德实验室又发现了有些蛋白质能够帮助 RNA 聚合酶启动 DNA 转录过程，里德将它们称为“转录因子（transcription

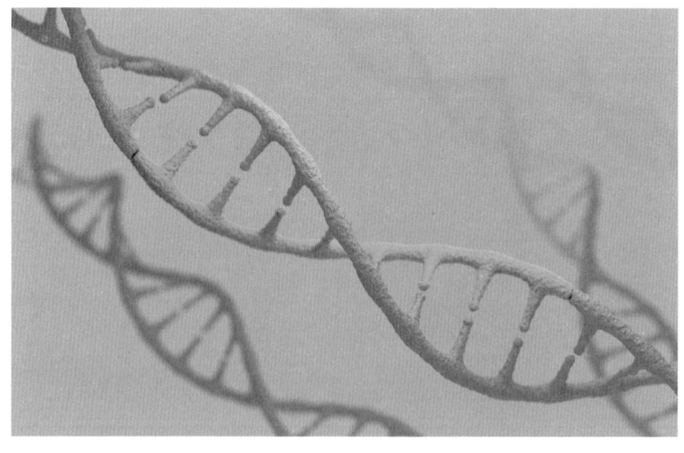

基因编辑后的DNA

factor）”。其中一种转录因子 TF Ⅲ A（transcription factor Ⅲ A）有一个不同于之前发现的转录因子的重要特征，它可以特异性地辅助 RNA 聚合酶启动基因的转录。简单来说，TF Ⅲ A 蛋白自带了 GPS，可以在 GPS 的引导下精准到达目的地——基因位点，这一重大发现宣告精准找寻确切基因位点的 GPS 已经被发现了。

接下来就是寻找可以将剪切好的 DNA 缝合起来的针线。20 世纪 90 年代，美国纪念斯隆 - 凯特琳癌症中心（Memorial Sloan Kattering Cancer Center, MSKCC）的玛丽亚 · 雅辛（Maria Jasin）和同事在研究 DNA 断裂对肿瘤形成的影响时，发现“乳腺癌 2 号”基因发生突变会极大增加罹患乳腺癌和卵巢癌的风险，因为 DNA 断裂被修复的概率大大降低了。

为了解决这个问题，就必须要找到可以自我修复的方法，就是看身体中有没有什么物质，就好比我们所说的“针线”，可以对这些断裂的

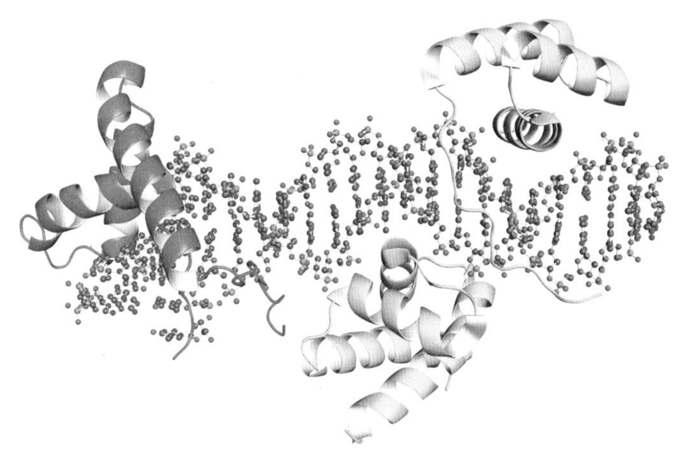

与DNA结合的转录因子

DNA 进行修复。接下来的研究她们发现了两种不同的“针线包”：一种叫作同源重组（homologous recombination，HR），以未受伤的姐妹染色单体的同源序列作为模板进行修复，虽然速度慢、效率低，但是由于严格依赖于 DNA 的同源性，可以使基因组修复到完好如初的效果；另一种叫作非同源末端连接（non-homologous end joining，NHEJ），就是找到了两个 DNA 断点，为了防止 DNA 链的降解对生命体产生不可估量的损伤，就强行将两个 DNA 断裂处彼此连接在一起。这种修复方式简单粗暴却很高效，但是副作用明显，可能会造成序列缺失、片段插入、修复效果不精确等很多遗留问题。但是无论怎么说，这两种连接方式的发现，说明我们找寻已久的“针线”也已经浮出了水面。

8.3 基因魔剪 CRISPR/Cas9

1987 年，日本科学家石野良纯（Yoshizumi Ishino）在分析大肠杆菌的 DNA 时，发现了一些奇妙的序列，这些序列很有意思，数十个碱基为一个单元的短序列重复了很多次形成一个长的序列，它的具体作用却并不明朗。

发现这样的序列纯属偶然，石野良纯当时在进行大肠杆菌 DNA 序列的分析，无意中发现了这个结构，当时的实验是为了研究其他的内容，但是出于好奇，石野良纯还是把这个重要的信息在文章中公布出来，为后人的研究埋下了伏笔。

CRISPR/Cas9蛋白识别外来致病DNA

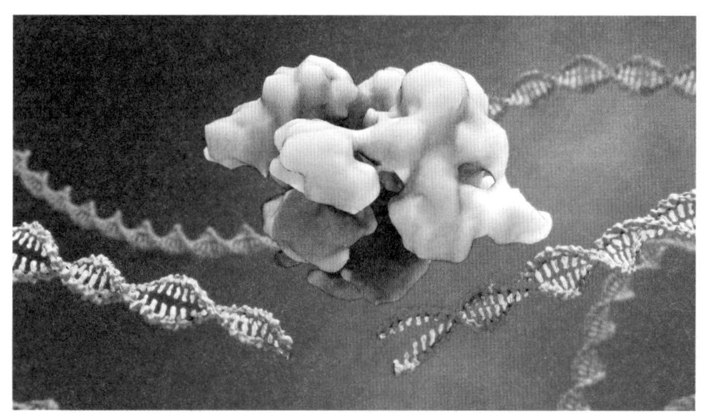

CRISPR/Cas9蛋白切割外来致病DNA

1993年，西班牙科学家弗朗西斯科·莫西卡（Francisco Mojica）在研究地中海嗜盐菌时，也在这些微生物的基因组里发现了这种奇怪的重复“回文”片段。这些片段长30个碱基，而且会不断重复。在两段重复之间，则是长约36个碱基的间隔。到2000年，莫西卡已经在20种不同细菌中发现了这种重复结构。但是他依旧对这样的结构有什么样的效用并不清楚，两年之后，这样的奇怪序列被发现的频率依旧在不停

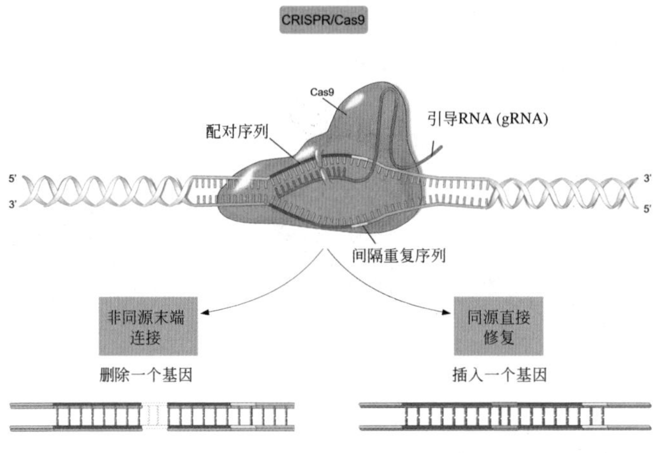

基因魔剪 CRISPR/Cas9

地增长，荷兰乌得勒支大学的吕德·扬森（Ruud Jansen）和同事给这些规律性重复的 DNA 片段起名为“成簇的规律间隔的短回文重复序列”（clustered regularly inter-spaced palindromic repeats），我们取这个名字的首字母，组成了“CRISPR”。

同时，为了进行下一步研究，把临近 CRISPR 位点的基因命名为 CRISPR-associated 简称 Cas。科研工作者发现 Cas 基因编码的蛋白质结构与那些能与 DNA 发生相互作用的酶的结构很相似，似乎暗示着 Cas 基因与 CRISPR 序列之间存在某种功能上的相关性，但对于 CRISPR 系统的功能仍然一无所知。

紧接着，两位诺贝尔化学奖得主闪亮登场。加州大学伯克利分校的詹妮弗·杜德娜（Jenifer Doudna）在对细菌基因组序列进行测序的时候，发现了细菌中存在 CRISPR 序列。2011 年 3 月，杜德娜参加了一场在波多黎各举办的细菌中 RNA 分子的研究会议，在会议中碰到了同样对

CRISPR 序列感兴趣的法国细菌生物学家埃马纽埃尔·卡彭蒂耶，两人一拍即合，准备合作进行研究。由于有着蛋白质结构研究和细菌学研究的基础，两人很快揭示了 Cas9 蛋白的工作原理：细菌通过 CRISPR 生成病毒 DNA 的 RNA 序列，再由 RNA 分子引导 Cas9 蛋白来到入侵病毒基因组的特定位点进行切割，造成病毒 DNA 双链的断裂。这一发现使她们意识到 CRISPR/Cas 序列兼具 GPS 和“剪刀”功能，它可以作为一种新的基因编辑工具。

2012 年，两人将最新的研究成果发表在《科学》杂志上，宣告了最新一代基因编辑技术——CRISPR/Cas9 的诞生。这一代技术相对于前两代技术有着得天独厚的优势：它不需要单独进行设计，只需要更换负责引导的 RNA。换句话说就像我们要去一个地方，之前需要我们自己找寻交通工具，并且自己设计行进的路线，而现在的 CRISPR/Cas9 集成了汽车和手机的功能，我们只要在上面输入目的地，就可以让它自动行驶，载着我们到达目的地一样。

但是是否就说明这样的技术没有任何的缺陷呢？答案是否定的，目

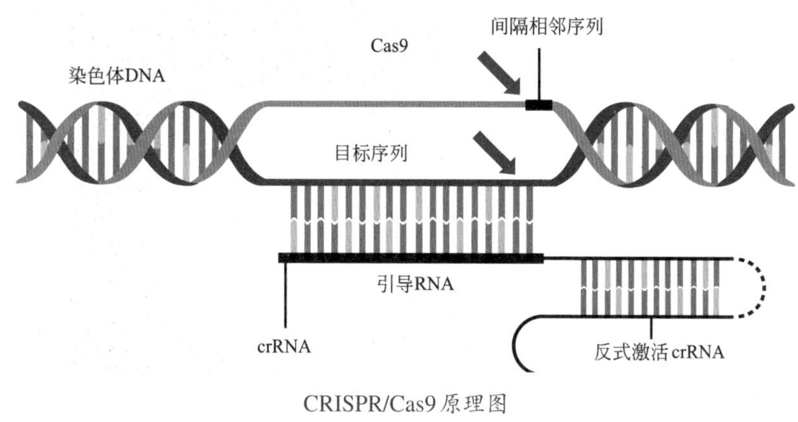

CRISPR/Cas9 原理图

前 CRISPR/Cas9 系统也存在着容易“脱靶”的缺点。由于这个系统是一种单链，自身稳定性差，容易发生突变，所以会有一定概率的“脱靶”现象发生，给实验带来不确定性。但是不管怎么说，目前 CRISPR/Cas9 依旧是最行之有效的 DNA 编辑工具。

8.4 潘多拉的魔盒

既然我们已经掌握了这种可以修改基因的工具，那么是不是就意味着我们已经触摸到了我们生命中最核心的本质，也开始掌控住了人类命运主宰的上帝之手。但是这一定是一件好事吗？

其实很显然，任何一项技术没有好坏之分，而是看使用它的人和如何去使用它，这是一把“双刃剑”。

转基因技术是利用现代生物技术，将人们期望的目标基因经过人工

基因工程

分离、重组后，导入并整合到生物体的基因组中，从而改变生物原有的性状或赋予其新的性状。自从“基因”的概念深入人心之后，“转基因”这一词汇也逐渐融入人们的生活中。随着生物技术的发展，人类不禁会思考，我们是不是可以充当“上帝”的角色，自己去创造新的物种。

一方面，基因编辑可以通过它独特的方式治愈部分遗传疾病，但是另一方面，基因编辑后的基因可能带有明显的可遗传性，它会对我们现有的人类基因库造成毁灭性的打击。2017 年 2 月，美国国家科学院与医学院联合公布了一份名为《人类基因编辑：科学、伦理以及监管》的报告，在这篇报告中，为基因编辑的研究设置了一条红线：有关人类胚胎细胞的基因编辑基础研究不会受到限制。但是，如果将其作为临床应用，医治患者，则需要经过非常严格的伦理审批才可以进行，其使用范

转基因工程

围也非常有限，一般仅限于对严重疾病使用，并且需要在患者对病情有充分认识的情况下使用。

目前关于基因编辑的研究主要集中在进行相关疾病的基因改造上，而我们说对于非疾病类的基因编辑应该给予更多的关注和评估，因为这带来的后果可能是现在无法估量的。

之前也存在一些惨痛的案例。早在 2000 年法国内克尔医院的研究组就利用基因编辑技术对 X 连锁重症联合免疫缺陷症进行治疗，当时治疗大获成功并且获得了一片喝彩，但是后续的发展却不尽如人意。没过多久，20 名接受治疗的患者中，有 5 名发展成为了白血病患者，并且有 1 人死亡。后续的调查发现，在进行基因编辑的过程中随机插入了可以激活癌症基因表达的基因序列。随后的研究中，有科学家发现，接受基因编辑后的短时间内，也许不会产生明显的副作用，但是从长期来看，有可能会导致一些不可逆的损伤。例如，针对肌肉组织进行的基因编辑，可以强化肌肉的纤维组织，可能会在 1~2 年内导致多巴胺分泌异常，损坏人体机能，增加阿尔茨海默症的发病率，存在一定的安全隐患。

人类的发展与科技息息相关，科技的进步在不断地改变着人类的生活，也在悄无声息地改变着人类自己。很多人认为人类可以主宰“自然”，成为自己的“造物主”。然而，无数的事实证明，这是非常荒诞和愚蠢的！大自然是神奇的，生命是多么的不可思议，是多么的值得敬畏！人类必须对生命怀有一颗敬畏之心，不忘初心，方得始终！令人欣慰的是，许多国家已经赋予了生物伦理学“法”的地位，并针对各自的国情，采取了不同的应对措施。

生物伦理学已经在规范人类的社会行为方面起到了日益重要的作用，因此应结合科技发展，不断地调整生物伦理学的关注视角，使它始终向着符合社会规范的方向发展。荀子说：“水火有气而无生，草木有生而无知，禽兽有知而无义，人有气，有生，有知，亦且有义，故为天下最贵也。”只要人类固守生物伦理学的底线，就一定能够促进全人类的可持续发展。

9 破解感知之谜——温度与痛觉

医院里，注射器的针尖闪着寒光猛地扎进肌肉，短暂的停留之后，带来一阵锥心的疼痛。和恋人手牵手漫步沙滩，有时候能够感受到彼此指尖那触电般的甜蜜感觉。面对寒冷的冬日，或者炎炎的夏日，我们能够清楚地感受到温度带来的冷热刺激。感受疼痛，感知自我，感通世界，是我们最习以为常的能力。然而，这种能力究竟从何而来，又是如何发挥作用，自

温度感知

古以来一直是困扰人类的谜题。

9.1 感知外界的受体

我们知道人类主要有5种感觉，包括视觉、听觉、嗅觉、味觉和触觉，此外人类还具有感受冷热刺激的温觉及痛觉等。但是人类是如何感知这些物理性的变化，自古以来一直是生物学层面难以解释的难题。

也许大家有这样的感觉，我们刚穿上衣服的时候会感觉到衣服的存在，刚穿上袜子的时候也能感觉到袜子的存在，刚戴上手表的时候能感觉到手表的存在，可是过了一段时间之后，这种感觉就会逐渐消失。说明我们有感知外界的能力，也有控制这种感知的能力，否则长时间无用的刺激会干扰到我们的注意力，而拥有这种控制感受的能力才是必须的。

感知冷、热和触觉的能力对于人类生存至关重要。在古代中国，也有对触觉简单的描述,《易传》中提到“寒暑相推而岁成焉”,《荀子》中提到“温润而泽，仁也”,《孟子》中说“文王视民如伤，以痛为爱”。在古代西方，亚里士多德也系统地描述了触觉感知，他把触觉置于经验感官的中心，认为触觉很可能是各种感觉能力的综合，是最基本最重要的感觉。

17世纪哲学家勒内·笛卡儿（René Descartes）设想出将皮肤的不同部分与大脑连接起来的线，通过这种方式，人们接触明火的脚会向大脑发送相应的机械信号，这可能是对于感知的最初的想法。18世纪，法国哲学家埃蒂耶纳·博诺·德·孔狄亚克（Etienne Bonnot de

大脑认知

Condillac）论述了触觉认知对人类智能的重要性，他认为触觉是感官世界的中心，其他的感官都是以触觉为基础复合而成的。

1944 年，约瑟夫·厄兰格（Joseph Erlanger）和赫伯特·加瑟（Herbert Gasser）合作，将阴极射线示波器用于对神经动作电位的研究。他们由于发现了对不同刺激做出反应的不同类型的感觉神经纤维而获得了诺贝尔生理学或医学奖。从此以后，触觉的神经生理学机制研究开始活跃起来，研究表明，触觉感知到的特征信息被转化成动作电位传递到大脑中，大脑的高级联合皮层对外界刺激进行精细分析，结合过去的经验，就会产生触觉认知。

之后的研究依旧继续进行，但是始终没有掀起太大的波澜，直到瑞典当地时间 2021 年 10 月 4 日，瑞典皇家科学院宣布将 2021 年诺贝尔生理学或医学奖颁发给美国加利福尼亚大学的生理学家戴维 · 朱利叶斯（David Julies）教授与加利福尼亚州拉霍亚斯克利普斯研究所（Scripps Research）的亚美尼亚裔美籍神经科学家阿尔登 · 帕塔普蒂安（Ardem

戴维·朱利叶斯（左）和阿尔登·帕塔普蒂安（右）

Patapoutian）教授，以表彰他们发现了温度和触觉的受体。我们这才对这种司空见惯的神奇过程有了更深层次的了解。

两位科学家发现了某些基因具有一些特殊的功能，可以加深我们对冷热触发皮肤感知的理解，也能够让我们知晓机械性的外力触发人体神经冲动的机制。其中，具有特殊功能的受体包括：辣椒素受体 TRPV1（transient receptor potential vanilloid type 1）、冷和薄荷醇受体 TRPM8（transient receptor potential cation channel subfamily M member 8）和 Piezo（希腊语“压力”），这些基因的突破性发现和对它们的研究过程，让我们知晓了人体内多种生理过程的机制，也能够有针对性地对慢性疼痛、呼吸系统疾病、神经系统疾病等提出诊疗的方案。

诺贝尔颁奖委员会称：“两位获奖者指出，在我们理解感官与环境之间复杂的相互作用时，存在着关键的缺失环节。他们的发现通过解释感知冷热和机械力的分子基础，从而解开了大自然的一个秘密，这是我们感知及与内外环境互动的基础。这些突破性的成果推动了感知领域的研究浪潮，使得我们对神经系统如何感知冷热和机械刺激的理解迅速增加。”

9.2 人类的礼物——痛和痒

痛觉是动物在受到伤害时的一种“警告”，可引发机体一系列防御性的保护反应。为什么会演化出这种能力，是因为相比较植物而言，动物更经不起外来刺激对身体的伤害。

植物相对来说构造简单，身体中的各种部位没有固定的形状，甚至失去身体中的绝大部分组织，都不会危及植物的生命。与植物相比，动物构造要复杂许多，拥有各种不同的循环系统：淋巴系统、血液系统、骨骼系统、泌尿系统等，如果身体的某一个微小的部分受到伤害，很可能会危及生命安全。因此，我们必须演化出一种能够应对这种伤害的感应机制，那就是痛觉，让我们通过痛觉感受到危险存在，对危险做出激烈的反应，从而在以后的生活中规避这些伤害。

在医学上，疼痛是最常见的症状之一，疼痛发生的位置通常指示病

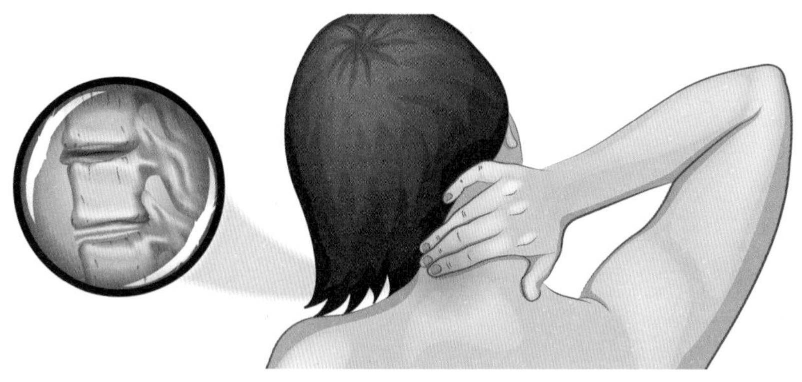

颈椎疼痛

灶所在，疼痛的性质也间接说明了病理过程的类型。

另外，除了痛觉之外，还有一种感觉，那就是痒。痒是一种动物身体对轻微的、潜在有害刺激的反应。这种感觉带来的伤害不会危及动物的生命，但是让我们有一种酥麻的感觉。如蚊虫的叮咬、皮肤的瘙痒、昆虫从皮肤爬过等，这种感觉可以提醒身体注意，有不良刺激存在，但是危险性不大。因此不需要逃离这些危险，只需要用手去抓挠即可。

此外，伤口愈合会感觉到痒、胆道阻塞会感觉到痒、镇痛的吗啡也会引起痒，身体中有多种物质能够让我们感受到痒的存在。

痒和痛是类似的，也是皮肤感受到的一种不愉快的感觉，都是通过脊髓–丘脑传递到大脑的感觉传导通路，因此很多人把痒的这种感觉认为是“微痛”，但是这是错误的。两者之间有联系，但是又完全不同。痛可以来自于皮肤，也可以来源于内脏、关节、肌肉，但是痒只能来自于皮肤和接近体表的黏膜，如果痒只是微痛的话，那么肌肉和关节应该能感觉到痒才对，但是在生活中我们的肌肉、关节等部位是无法感受到痒的，说明这种说法是不正确的。

许多慢性瘙痒症的患者感受到的痒对身体没有任何好处，反而会影响到患者的生活质量，那么为什么会演化出痒这种感觉呢？

我们知道，当皮肤受到刺激的时候会产生组胺，组胺是一种可以导致炎症的物质，可以使得皮肤红肿，让人感觉到痒。在正常皮肤的浅表处注射组胺也能引发痒的感觉；注射血清素也能让动物引起痒的感觉；胆酸与受体结合能够通过 G 蛋白使细胞内的钙离子浓度升高，活化神经细胞，让人产生痒的感觉……

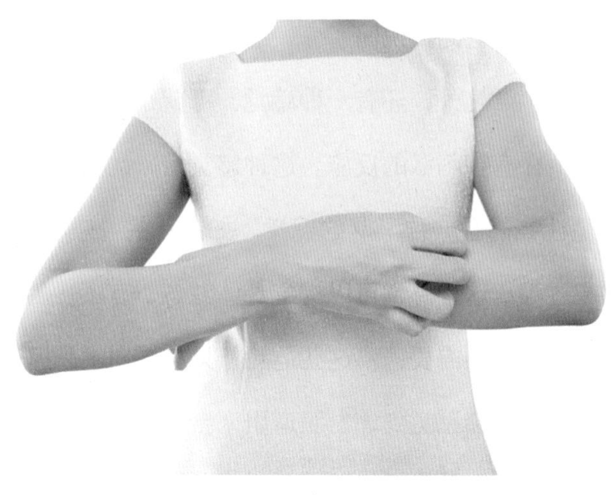

痒

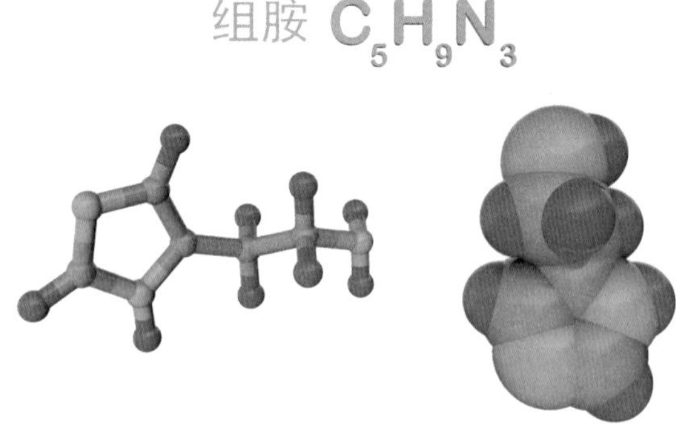

组胺

在脊椎动物体内引发痒的组胺在低等的线虫身上并不存在，线虫已经发育出了触觉和痛觉，但是没有痒的感觉；在果蝇、蝗虫、蜜蜂等昆虫体内，已经存在了组胺和组胺的受体，可是这些受体在传入神经中并不存在，因此昆虫还是依赖触觉和痛觉来代替痒的感觉；鱼类也没有痒的感觉，只有四足动物才有，因为它们具备了四肢，可以抓挠身体的各个部分。

抓挠去除瘙痒

我们可以大胆地猜测，在生物演化的过程中，仅仅具有触觉和痛觉是不够的，需要更为精确的感觉来区分各种刺激。如无害的触觉、有害的痛觉、可能会引起局部伤害但是还不会致命的感觉等，因此演化出了痒的感觉，让我们通过抓挠的动作去驱逐刺激源，从而更精确地对于外界的接触做出反应。

9.3 神奇的辣椒素受体

提到外界的刺激，辣是一种让人又爱又恨的感觉。早在公元前5000年，玛雅人就开始种植和食用辣椒，辣椒也是人类种植的最为古老的农作物之一。在吃辣椒的时候，我们随着辣度的提升，会感觉到明显的灼热甚至疼痛，这是因为辣椒中含有的辣椒素可以激活人体伤害性

小米辣

初级感觉神经元。但是辣椒究竟如何将这种物理性刺激转化为生物性刺激的过程依旧不得而知。

最先在这个领域做出杰出贡献的就是之前提到的戴维·朱利叶斯。1955 年，朱利叶斯生于美国纽约布鲁克林区，他在布莱顿海滩边长大，他的祖父母 20 世纪初随着东欧移民潮来到美国，朱利叶斯的父亲是一名电气工程师，母亲是一名小学教师，重视教育的家族传统让他从小就知道持续学习和接受高等教育是人生计划的一部分。

1973 年，朱利叶斯考入麻省理工学院。大三时，他结识了生物大分子研究领域的杰出人物之一亚历山大·里奇（Alexander Rich），并加入了他的实验室。1977 年大学毕业后，他进入加州大学伯克利分校杰里米·索纳（Jeremy Thorner）和兰迪·舍克曼（Randy Schekman）的实验室攻读硕士研究生。1989 年，朱利叶斯开始在加州大学旧金山分校担任助理教授，他的科研小组继续研究神经药理学和神经生理学上的基本问题。功夫不负有心人，伴随着在神经科学领域的逐步积累，他开始追问自己“疼痛”在分子生理学上的具体成因，而正是这一问题的提出，指引着朱利叶斯来到“感知”谜题的山脚下。

我们在吃辣椒的时候，能够感受到一种火热的灼热感。辣椒中的辣椒素是如何引起我们的神经发生反应、激活引起疼痛的神经细胞是我们一直想弄明白的问题。

朱利叶斯和同事进行了一系列的筛选工作，他们发现对辣椒素敏感的痛觉感受器主要分布在感受器神经节，所以他们构建了一个背根神经节的 cDNA 文库，包含了大约 16000 个克隆。然后把这些克隆分为若干实验组，分别转染到不表达辣椒素受体的 HEK293 细胞中，同时加入钙离子荧光探针 Fura-2，通过钙成像来观测辣椒素诱导的细胞内钙离子

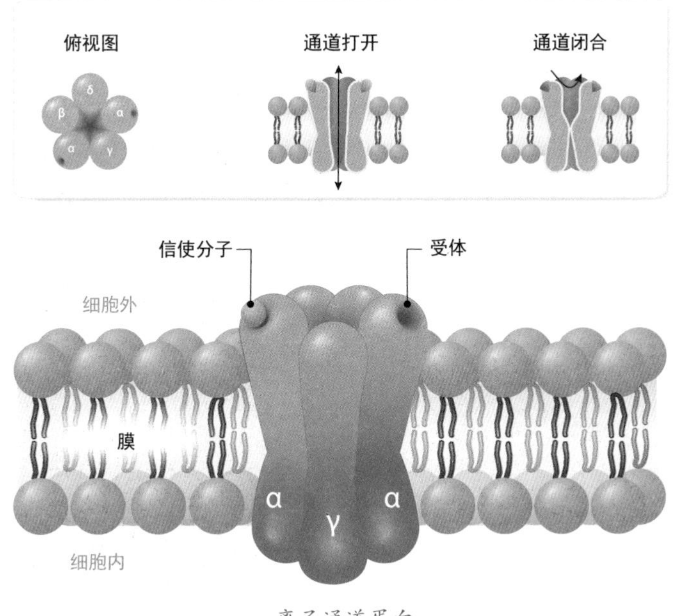

离子通道蛋白

浓度变化。如果某一组细胞内的钙离子浓度升高，就说明该组克隆中可能含有辣椒素受体。

经过了长时间的表达筛选，朱利叶斯最终鉴定出一种对辣椒素敏感的新的基因，这个基因编码的辣椒素受体是一个新的离子通道蛋白，这种离子通道蛋白就被命名为 TRPV1，又称为 VR1（vanilloid receptor subtype1）。

之前朱利叶斯的研究发现，离子通道蛋白 TRPV1 还和痛觉有着密切的联系，尤其是与炎症相关的疼痛。那么在医学上就给缓解疼痛开辟了一个新的研究方向。如果我们找到了可以抑制 TRPV1 发挥作用的药物，就能够降低人体对疼痛的感觉，这样就达到了缓解疼痛的作用，对饱受慢性疼痛折磨的病人来说是个好消息，也可以在缓解癌症疼痛上提出新的治疗方案。

沿着这样的思路，随后很多科学家在人体中发现了更多的 TRP 类

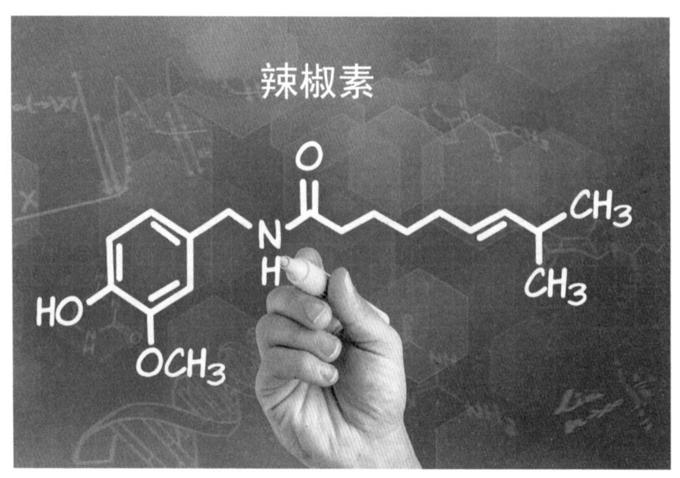

辣椒素化学结构式

受体，如会被芥末激活的 TRPA1 受体、会被百里香激活的 TRPA3 受体。相关研究还发现，在一些癌症患者体内，多种 TRP 受体出现了一定程度的变化，这个研究成果表明，我们可以通过 TRP 受体来提早发现和治疗癌症。

9.4　触觉的受体

与朱利叶斯共同获得诺贝尔生理学或医学奖的还有阿尔登·帕塔普蒂安（Ardem Patapoutian）。1967 年他出生于黎巴嫩贝鲁特，1986 年跟随父母搬迁到洛杉矶。帕塔普蒂安在回忆时说道：“也许和我小时候在贝鲁特所经历的一样，在洛杉矶的第一年也是一场不同寻常的适应斗争。”为了在当地生存，他做了一年“不拘一格”的工作，如贩卖比萨饼和为亚美尼亚报纸撰写每周星座运势的文章。坎坷的成长历程培养了他坚忍不拔的意志和极强的适应能力，这在他以后的科研工作中发挥了重要作用。

1986 年，帕塔普蒂安考入加州大学洛杉矶分校，大学期间他加入了朱迪思·安·伦吉尔（Judith Ann Lengyel）教授的实验室，并在理查德·巴尔达雷利（Richard Baldarelli）教授的指导下学习分子生物学。1990 年大学毕业后，帕塔普蒂安继续发育生物学转录调控的研究。1996 年，他加入加州大学旧金山分校路易斯·雷查德（Louis Reichardt）教授的实验室做博士后研究员，对引发触觉和疼痛体感神经元的发育程序展开研究。他在回忆中说道：“因为这些感知系统仍然如此神秘。当

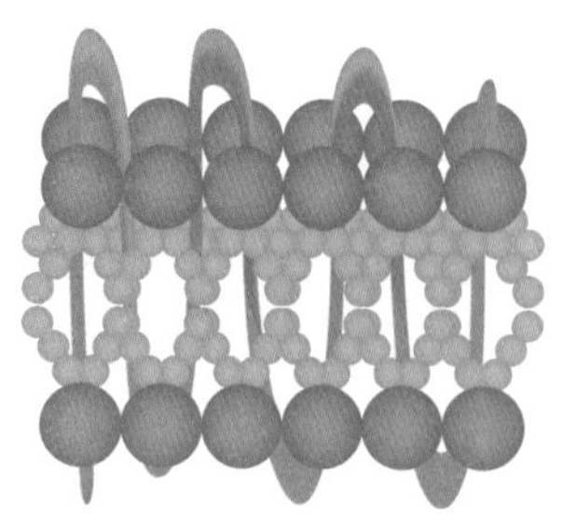

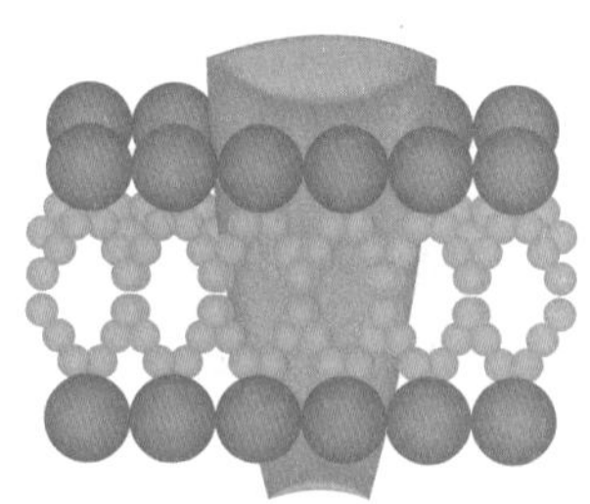

G蛋白和离子通道

你发现一个不太了解的领域时，就是一个深入挖掘的好机会。”

在研究感觉神经元发育的时间里，帕塔普蒂安逐渐意识到，作为这些细胞功能基础的蛋白质——使它们能够检测温度和机械力等物理刺激的生物大分子，目前还处于一种未知状态。究竟是哪些通道将机械力转化为神经元信号，从而启动触觉、本体感觉和疼痛呢？

TRPV1 离子通道蛋白的发现是一项重大突破，为发现其他的温度感应受体开辟了新道路。帕塔普蒂安和朱利叶斯分别独立地使用薄荷醇鉴定出被冷激活的温度受体 TRPM8。这些离子通道蛋白的作用揭秘，表明它们可以被不同的温度激活，用基因缺失小鼠的实验也证明了这些通道蛋白的作用，也回答了肌体如何对温度做出应答的。当大部分温度受体被发现之后，帕塔普蒂安决定向感觉神经受体领域的制高点——触觉受体发起挑战。

帕塔普蒂安和同事首先鉴定出一种可以在实验室培养皿中生长的胶质瘤细胞系，当用微量移液管触碰该细胞系中的单个细胞时，该细胞会发出可测量的电信号，可以被专门设计的细胞探针观测到。他们推测这样一种可以被机械力激活的受体应该是一种离子蛋白通道。

随后帕塔普蒂安从人类2万多个编码基因中挑选出300多个可以在实验中高表达的基因，再从中挑选出72个可能编码受体的候选基因进行筛选，用分子生物学的方法依次将其敲除，然后再测量失去了某个基因的小鼠细胞对压力的反应。尽管上述实验设计得十分巧妙，帕塔普蒂安及其同事们仍然花费了3年多的时间才鉴定出第一个基因，这个基因的失活会导致细胞失去对触碰机械刺激的敏感性。因此，这个基因被命名为Piezo1，这个词来源于希腊语中的“压力”一词。

随后，帕塔普蒂安在工作中又发现了第二个触觉基因，并将其命名为Piezo2。进一步的研究表明Piezo1和Piezo2分别参与调控肌体的很多重要生理功能，包括血压调节、呼吸、膀胱控制等。

简单来说，TRPV1、TRPM8、Piezo离子通道蛋白的发现，让人类了解到，我们是如何感知和适应外界的环境变化，TRP通道是肌体感知温度的关键，而Piezo通道则赋予了我们感应触觉刺激的能力。除此之外，这些离子通道蛋白还在许多与感受温度和机械刺激有关的重要生理过程中起关键作用。至此，我们才逐步打开人体感知的大门，了解到外界刺激如何为我们所感知，但是未来还有更多更漫长的研究之路等待着我们去探索。

10 人类生命的黑板擦——埃博拉病毒

在历史上，人类曾经遭受过多种病毒的袭击，包括天花病毒、狂犬病毒、禽流感病毒、埃博拉病毒、非典型肺炎病毒……随着科技的进步、交通的便捷、抗生素的滥用、人类对大自然的破坏、人类对野生动物的捕食等，病毒性传染病的暴发频率越来越高，出现了很多毒性和传染性更强的、我们从未见过的新型病毒。这些病毒引发的传染病给人类带来了巨大的灾难。

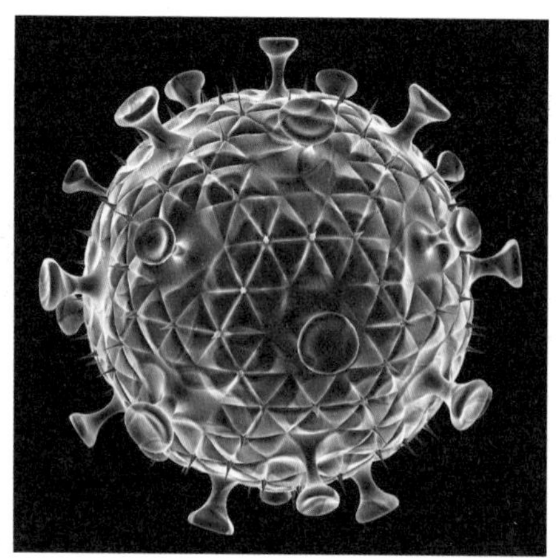

病毒粒子

10.1 病毒的发现

在我们了解埃博拉病毒之前，先要了解什么是病毒，病毒又是如何被命名的。

根据微生物学中的病毒定义，病毒是一类由核酸和蛋白质等少数几种成分组成的超显微的非细胞生物，只含有 DNA 或 RNA 的遗传因子，能以感染态和非感染态两种状态存在。病毒广泛寄生于动物、植物、微生物细胞中，是一种细胞内专性寄生的特殊生命形式，具有高度侵染性，无细胞结构，体积非常微小，是具有基因、可复制和进化并占有一定生态地位的生物实体。

既然病毒这么小，那么它是如何被发现和命名的呢？第一位我们需要了解的人物就是在荷兰工作的德国农艺化学家阿道夫·爱德华·麦尔（Adolf Eduard Mayer），1886 年他首次发现并且命名了烟草花叶病毒。麦尔出生于德国西北部的奥尔登堡，17 岁考入德国卡尔斯鲁厄理工学院学习数学和化学，1862 年继续进入德国海德堡大学攻读博士学位，毕业之后留校担任了发酵学和化学工程两门课程的主讲教师。1876 年，麦尔前往荷兰担任瓦格宁根农业试验站的主任，从此与烟草花叶病毒有了不解之缘。

19 世纪末，烟草行业发展迅速，成为很多国家的支柱产业。但是好景不长，很多地区的种植户发现，他们种植的烟草叶得了一种奇怪的病，患病的叶片上会出现坏死斑和黄绿相间的条纹，随后叶片出现肥厚不一、营养不良等状况，烟叶就不能再继续使用了，这给种植户带来了

烟草花叶病叶

极大的损失。

由于找不到烟草花叶病的发病原因，种植户也没有针对性的方法，只能放任这些烟草叶在田地中逐渐腐烂。1879年，麦尔开始对这种烟草花叶病进行细致的研究。他开始从温度、光照、种子等角度对健康的烟叶和患病的烟叶进行细致的比较，结果并没有发现有什么异样，也就是说，这些条件对于烟草花叶病的发生没有任何的影响。当这些因素都排除之后，他认为可能是土壤在作祟，可能由于土壤中缺少了某些微量元素或者含有某些重金属元素才导致这种斑纹的产生。

经过对土壤成分的化验，结果让麦尔大失所望，健康植株和患病植株生活的土壤成分基本没有区别。此时，麦尔想到了法国微生物学家巴斯德和科赫的实验方法，将患病的烟草叶研磨后放在显微镜下观察，是否能够发现致病因子呢？他先把叶片放入器皿中研磨，得到带着叶肉组织的汁水，然后在显微镜下观察这些汁水的涂片，希望能够发现细小的

种植烟草叶

微生物。但遗憾的是，他什么微生物也没观察到。虽然在显微镜下没能发现任何的蛛丝马迹，但是人们却发现，如果把磨碎的患病叶片的汁液放在正常的叶片上，原本健康的叶片很快就会染病，这说明患病叶片的汁液中存在致病的微生物。如果把这种汁液稀释 100 万倍，然后将稀释后的液体涂在健康的叶片上，原本健康的叶片仍然会染病，说明此种微生物的生命力是极其顽强的。如果将从患有烟草花叶病的烟草叶中提取的汁液加热到 80 摄氏度之后，再进行感染，结果发现，汁液失去了感染的能力。一系列的实验让人们确信，病叶上一定存在着一种致病的因子，只是一时无法观察到它。于是，麦尔在 1882 年把这种烟草疾病命名为“烟草花叶病”（tobacco mosaic disease）。

随后，俄国生物学家伊凡诺夫斯基（Ivanovsky）发现了烟草花叶病的致病因子具有滤过性。1888 年，年仅 22 岁的伊凡诺夫斯基获得了圣彼得堡大学的理学学士学位，他研究的课题是“论烟草的两种疾病”。

在大学期间，他就参加了俄罗斯农业部的研究课题，主要是为了探明烟草花叶病的成因。毕业之后，他再度研究烟草花叶病的成因，他与麦尔可以说是在同一时间从不同的角度进行着病因的探索。

伊凡诺夫斯基使用当时最先进的生产无菌纯净水的过滤器——尚柏朗氏过滤器进行实验，过滤患病烟草花叶的汁液，但是发现其依然具有传染性，伊凡诺夫斯基认为烟草花叶病毒的致病因子也是一种细菌，只不过尺寸更小而已。

之后，真正对病毒进行命名的是荷兰细菌学教授贝杰林克（M. Beijenrinck）。1851 年贝杰林克出生于阿姆斯特丹，1872 年从代尔夫特理工学院化学系毕业，并考入莱顿大学，在 1877 年获得了理学博士学位。1876 年贝杰林克和麦尔一起来到瓦格宁根农学院担任植物学教师。麦尔比贝杰林克年长几岁，贝杰林克就经常向麦尔请教烟草花叶病方面

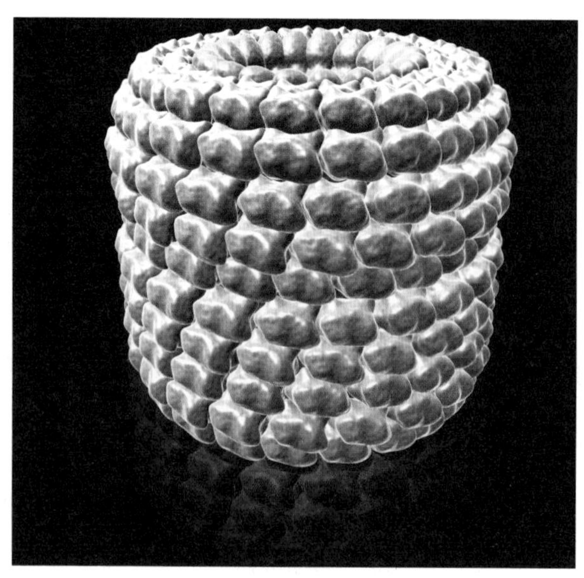

烟草花叶病毒

的问题，并且获得了很多有价值的信息。1885 年，贝杰林克离开了瓦格宁根，但是关于烟草花叶病的研究却始终没有停止。

1895 年，贝杰林克来到代尔夫特理工学院担任细菌学教授，两年后新的细菌学实验室和温室建成。贝杰林克重新开始了烟草花叶病毒的研究，他利用尚柏朗氏过滤器进行过滤，结果发现，滤液依旧具有感染性。随后他进行了一系列的对比试验，首先将滤液稀释成不同的比例，分别进行健康叶片的感染，试验结果表明，不同浓度的汁液都无差别地具有相同的感染能力，说明这肯定不是由无生命的化学物质，如毒素引起的；第二个对比试验是分别用蒸馏水和健康叶片的汁液进行稀释，得到的液体再感染健康叶片，结果发现二者的感染程度相同，说明滤液并没有在健康叶片的汁液中发生增殖；贝杰林克在此基础上继续做了琼脂糖凝胶扩散实验，结果发现滤液可以发生扩散，并且扩散后的滤液依旧具有传染性，说明烟草花叶病的致病因子是一种液体或者是可溶的。

1898 年，贝杰林克发表了关于自己实验结果的论文，提出了“传染性活流质”（contagium vivum fluidum）的概念。在论文中，贝杰林克都是用 contagium（触染物）和 virus（病毒）的概念进行阐述。贝杰林克的病毒概念，主要包括以下几点内容：一是可以通过细菌滤器，二是可以具有传染性，三是能在生物体内增殖，但是不能在体外生长。其实，virus 这个词最早是一世纪由罗马的名医塞尔萨斯提出的，他当时对于 virus 的拉丁文定义是“黏液”，与现在的病毒含义是大相径庭的。贝杰林克沿用了塞尔萨斯提出的 virus 的原有的“黏液”的含义，并且在此基础上继续发展出了病毒的概念。

10.2 埃博拉病毒的暴发

病毒作为比人类更加古老的一类特殊的物种存在，它有着很多独有的特点。而在这些病毒中，有一种令人闻风丧胆的病毒，那就是被称为人类生命黑板擦的埃博拉病毒。

1976 年，在苏丹南部和刚果（金）（旧称扎伊尔）的埃博拉河附近发现了一种急性出血性传染病，最早的病例可以溯源到一个名叫亚布库的小村子，村子里有一所学校，学校的校长从扎伊尔北部旅游回来后就感觉到身体不适，但是他没有特别在意。1976 年 8 月 26 日，这位校长，也是这次感染的零号病人开始发烧，但是当地的医院查不出来病因，就提供了一些奎宁让他回家自行调养。“奎宁”在秘鲁文字中是树皮的意思，对疟疾等病有良好的疗效。回到家中调养一段时间后，他发现病症并没有减轻，10 天之后的 9 月 5 日，校长因为病情加重不得不再次前往当地的一所教会医院就诊，随后他的病情加速恶化，最终在 9 月 8 日不治去世。

之后连锁反应逐步出现，校长去世后不久，在家中照顾他的亲人，以及教会医院里的修女，陆续出现发病的现象。病人在发烧的同时，出现浑身疼痛、剧烈呕吐和腹泻，并且伴有七窍和内脏出血，最后在短时间内死亡。

这种可怕的疾病立刻引起了人们的重视，在一位修女感染疾病去世后，她的血液样本被送到了比利时的病毒研究所。当时 27 岁的研究人员彼得・皮奥特（Peter Piot）在显微镜下看到了一种丝状的病毒，这种

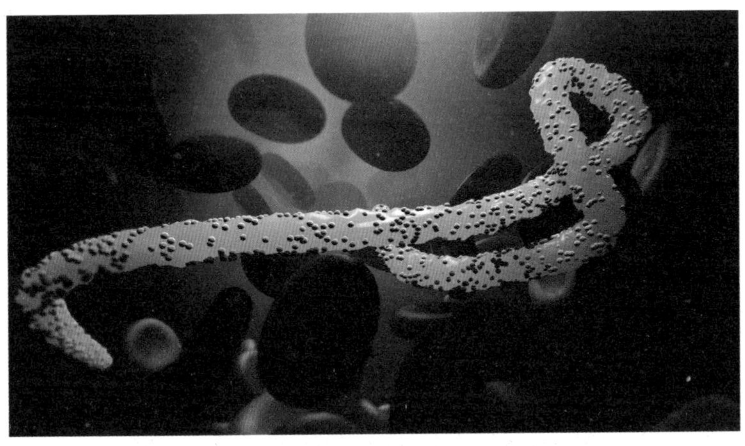

带有血细胞的埃博拉病毒

病毒是他之前从未见过的病毒类型，因此他怀着一颗好奇心，坚持前往扎伊尔进行新型病毒的研究和疫情防控。皮奥特来到扎伊尔之后发现，参加葬礼的病逝者亲友和遗体会有亲密接触，这可能是一个潜在的传染风险。因此，皮奥特坚持妥善处理遗体，禁止直系亲属直接接触遗体，并且采取了相应的隔离和保护措施，最终控制住疫情的蔓延。这场疫情共造成了 318 人患病，280 人死亡，致死率接近 90%，远远超过天花、霍乱、鼠疫等传染病，令人谈之色变。在病源地的村庄旁有一条埃博拉河，当地村民们认为这是上帝对他们的惩罚，因此皮奥特将该病毒命名为埃博拉病毒（Ebola Virus, EBoV）。

埃博拉出血热是由埃博拉病毒导致的血管破裂而出现的全身性的急性出血热传染病，临床上主要表现为急性发病、发热、呕吐、肌肉疼痛、出血、肝肾功能受损。埃博拉病毒感染者会出现严重的出血现象，内脏器官会逐步地发生类似于融化的现象，并导致休克综合征，症状非常的恐怖。

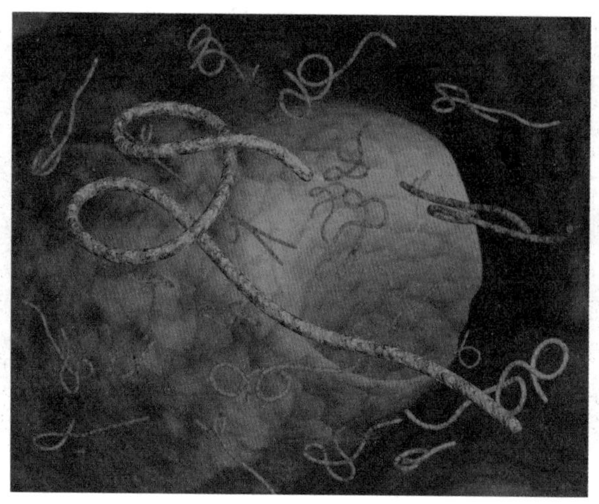

埃博拉病毒

由于埃博拉病毒的高致死率，再加上初次暴发地地处偏远的小村落，交通闭塞，人员流动并不频繁，首次暴发之后很快便销声匿迹了。

随着交通的便捷，人员流动的频繁，埃博拉病毒再次如幽灵般地闪现。2012 年年底，非洲几内亚的一名 2 岁小男孩感染了埃博拉病毒，这个小男孩很快便去世了。紧接着，“不祥”的事情接二连三地发生，小男孩的姐姐和母亲先后感染，并且将病毒传染给了附近村庄的人。由于首次发病的零号病人——小男孩居住的村庄位于几内亚、利比里亚、塞拉利昂三国的交界处，所以导致了病毒在这三个国家快速传播。2014 年 2 月，埃博拉病毒在几内亚境内暴发，并且波及利比里亚、塞拉利昂、尼日利亚、塞内加尔、美国、西班牙、马里等七个国家。据世界卫生组织统计，截至 2014 年 11 月 15 日，全球共计有 15145 人感染埃博拉病毒，死亡 5420 人。2018 年 8 月 1 日，刚果（金）暴发了埃博拉病毒发现以来的最大规模的疫情，截至 2020 年 2 月该国的确诊感染人数达 3308 例，死亡 2250 例，死亡率高达 66%。

10.3 走进可怕的病毒

埃博拉病毒是一种不分节段的单股负链 RNA 病毒，由一个螺旋形状的核糖核壳复合体构成，它属于单股负链病毒目，丝状病毒科。丝状病毒科的病毒种类非常少，仅仅有 3 个属，分别是埃博拉病毒属、马尔堡病毒属和 2010 年才命名的库瓦病毒属。

目前已经确定埃博拉病毒分为 5 种：扎伊尔型（Zaire ebolavirus, EBOV）、苏丹型（Sudan ebolavirus, SUDV）、莱斯顿型（Reston ebolavirus, RESTV）、塔伊森林型（Ta Forest ebolavirus, TAFV）和本迪布焦型（Bundibugyo ebolavirus, BDBV）。

埃博拉病毒主要通过病人的血液、唾液、汗水及分泌物、排泄物等传播，潜伏期为 2~21 天。绝大多数人会在 5~10 天发病。埃博拉病毒进入人体后，首先攻击的是单核细胞、巨噬细胞和树突状细胞，引起细胞变性坏死，凝结成块阻塞血管，导致组织液、血液大分子及细胞滞留。一旦病毒的膜和细胞膜发生了融合，该病毒就会进入细胞内部，释放出自己的 RNA，随后在宿主体内疯狂繁殖，大量扩散，同时通过复制不断地攻击宿主体内的多个重要器官，导致器官发生内在损伤，同时产生内出血。当病毒侵入位于心脏、血管及肝肾等内脏器官的内皮细胞，引起血管和器官出现小的孔洞，血液成分顺着小孔流出。病变器官的坏死组织会从病人口中呕吐出来，病人死状非常恐怖，就仿佛身体内部的器官会逐渐“融化”。

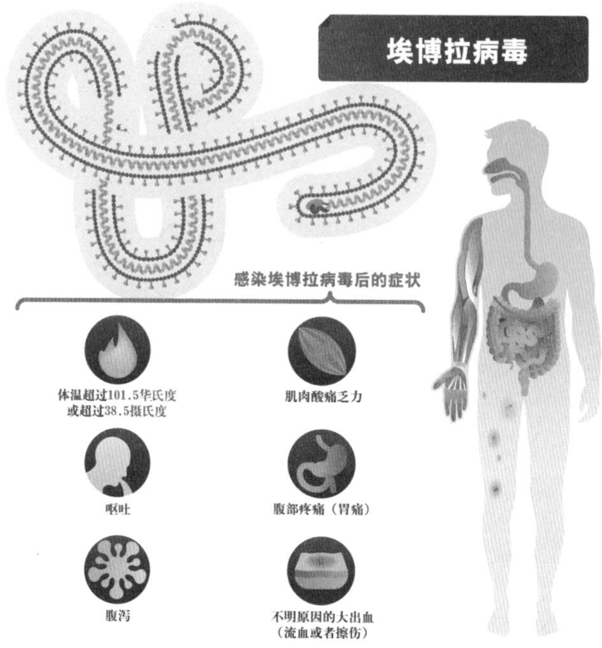

感染埃博拉病毒后的症状

埃博拉病毒虽然致死率较高，但是它不能通过空气传播，前几次造成的总死亡人数和天花、禽流感等相比较少，因此人们对它的重视程度不高，很多公司或者科研机构都觉得研发抗埃博拉的药物可能会入不敷出。

伴随着交通工具的发展，病毒可能在一天之内就从非洲传到美洲，说明这已经不单单是一个国家的事情，而是一个全球性的公共卫生事件。鉴于这种疾病的高死亡率，研制相应的疫苗已经迫在眉睫。

10.4 我们能获胜吗？

在人类与埃博拉病毒斗争的 40 年时间里，人类一直没有找寻到特效药，而以对症支持为主的治疗方案并不能有效降低病亡率。

埃博拉病毒

在埃博拉病毒暴发伊始，治疗出血热尚无特效的方法，主要采取对症下药的辅助治疗，如维持水电解质平衡，预防和控制出血，控制继发性感染，维护各种脏器的功能，防止出现肾衰竭、出血等一系列并发症。尤其是恢复期患者的血清与免疫球蛋白可以作为疾病暴发阶段的经验性治疗药物。

2013—2016 年埃博拉病毒的大暴发让疫苗研发正式提上日程。通过将灭活的埃博拉病毒注入实验动物体内，诱导机体产生免疫反应，但是这一思路在灵长类动物的实验中以失败告终。如果以减毒活的病毒直接进行人体实验，又怕对人体造成伤害，所以一直没有实施。

目前，抗埃博拉病毒的单抗疗法代表了抗击埃博拉出血热最有发展前景的方法之一，最具有代表性的人源化单克隆抗体制剂 ZMapp 已经开始用于治疗一些患者，但是这种方法生产的抗体不一定能够在紧急情况下快速响应。目前，科学界依然没有研制出广谱的抗病毒药物，埃博拉病毒感染只能依靠患者自身的免疫能力来进行抵抗，而相关治疗只能

单克隆抗体

起到辅助的作用。

抗病毒药物仍在不断地研制之中，根据作用靶标的不同，可以分为抑制病毒入侵细胞和抑制病毒复制两类药物。2019 年，科学家们最终发现了两种能够显著降低患病死亡率的药物：mAb114 和 REGN-EB3。这一研究成果有望改写埃博拉无药可治的历史，提升了人们对该传染病的防控能力和信心，因此该项成果被《科学》评为 2019 年十大科学突破之一。

2019 年，美国食品药品管理局（Food and Drug Administration, FDA）批准上市了由默沙东公司研发的埃博拉减毒疫苗，该疫苗将埃博拉病毒的一段基因链接到水泡性口炎病毒基因上，在注射之后会让人体产生对埃博拉病毒的免疫能力，让我们初步看到了胜利的曙光。

与埃博拉病毒的斗争将会继续进行下去，相信人类必定会取得这场病毒战役的最终胜利！